江西省研究生优质课程系列教材

学术规范与论文写作

陈美球 著

中国农业科学技术出版社

图书在版编目(CIP)数据

学术规范与论文写作/陈美球著. --北京：中国农业科学技术出版社，2023.6（2025.1重印）
ISBN 978-7-5116-6322-1

Ⅰ.①学… Ⅱ.①陈… Ⅲ.①科学研究工作-规范-研究生-教材②论文-写作-研究生-教材 Ⅳ.①G31-65②H152.3

中国国家版本馆 CIP 数据核字(2023)第 115679 号

责任编辑	倪小勋　朱　绯
责任校对	马广洋
责任印制	姜义伟　王思文

出 版 者	中国农业科学技术出版社
	北京市中关村南大街 12 号　　邮编：100081
电　　话	(010) 82109707（编辑室）　　(010) 82109702（发行部）
	(010) 82109709（读者服务部）
网　　址	https://castp.caas.cn
经 销 者	各地新华书店
印 刷 者	北京虎彩文化传播有限公司
开　　本	170 mm×240 mm　1/16
印　　张	13
字　　数	210 千字
版　　次	2023 年 6 月第 1 版　2025 年 1 月第 2 次印刷
定　　价	50.00 元

◆◆◆◆◆ 版权所有·翻印必究 ◆◆◆◆◆

前　言

学术规范与学术道德是科研工作者必须遵循的基本准则，也是科学研究的生命力。研究生作为科学研究的后备力量，他们的学术道德水平不仅关系着研究生的培养质量，影响其一生的科研前景，甚至关系着整个学术环境的健康发展。学位论文则是研究生学位授予的前提条件，只有其撰写的学位论文合格，研究生顺利通过答辩，才能获得相应的学位。因此，强化研究生的学术规范与学术道德教育，并掌握学位论文撰写的基本技能是研究生教育的根本要求。

"学术规范和论文写作"是公共管理硕士（MPA）培养的必修课程。自 2015 年以来，笔者一直承担着"学术规范和论文写作"的教学任务。研究生教育主要是培养其认识问题、分析问题、解决问题的能力，逐步形成严谨的思维习惯，还需要根据社会发展不断地更新教学内容，教材的编写要求也发生了变化，需要引导学生提升思考自学的能力，而自学往往是研究生能力培育的重要手段。因此，笔者将"学术规范和论文写作"教学中的内容整理成教材，以供 MPA 学生学习参考。

2020 年，"学术规范和论文写作"获得江西省研究生优质课程和案例建设项目立项，笔者开启了本教材内容的收集整理工作，并有意识地在教学中补充、完善、实践、检验，经过两年多的梳理，逐渐形成了现有的教材内容。

教材共分为 6 章内容，第 1 章为学术规范与学术道德，从遵循学术规范与学术道德和熟悉学校的学术规范要求两方面进行了介绍；第 2 章为论文选题与文献综述，从论文选题的基本要求和论文选题是个不断聚焦的过程对论文选题进行了介绍，从文献综述的任务与要求、文献查阅方法、处理好泛读与精读的关系、合理组织文献内容 4 个方面对文献综述进行了系统阐述；第 3 章为开题报告，在介绍开题报告主要内容的基础上，从研究问题提出的逻辑、研究内容的展开逻辑、研究方法的构思逻辑、技术路线图的制作 4 个方面对开题报告的撰写进行了介绍；第 4 章为社会调研，在对社会调研的准备工作和社会调研的技巧进行介绍的同时，结合江西农业大学以"公共管理案例调研与案例撰写竞赛"作为社会实践教学内容的要求，对案例撰写进行了专门介绍；第 5 章为学术期刊论文，分别从学术期刊论文的主要特征、学术期刊论文的主要组成、学术期刊论文的撰写技巧、学术期刊论文撰写的案例分析 4 个方面进行了介绍；第 6 章为学位论文，从学位论文的基本组成、如何衡量一篇学位论文的优劣、论文提纲的设计、图与表的处理、绪论与结论的撰写 5 个方面进行了阐述。

教材在介绍基本理论的同时，更注重教学案例的应用，全教材共有 10 个案例，既有公众关注的案例，也有在教学实践中形成的真实案例。通过生动的案例，在让研究生掌握相关知识的同时，有助于增强他们认识问题、分析问题和解决问题的逻辑能力。

本教材的形成，得到了笔者所带众多博士、硕士研究生的帮助，包括素材的撰写与整理、稿件的校核。在具体编写过程中，参考了相关学者的观点，教材的出版还得到了江西农业大学 MPA 教育中心的资助，在此一并致以衷心的感谢！还要特别感谢中国农业科学技术出版社的朱绯编辑，没有她的热心帮助，在如此短的时间内将本教材出版是不可能的事情。

陈美球
2023 年 5 月于南昌梅岭

目　　录

第1章　学术规范与学术道德 1
1.1　遵循学术规范与学术道德 1
1.2　熟悉学校的学术规范要求 7

第2章　论文选题与文献综述 13
2.1　论文选题 13
2.2　文献综述 18

第3章　开题报告 30
3.1　开题报告的主要内容 30
3.2　开题报告的逻辑结构 32

第4章　社会调研 45
4.1　社会调研的准备工作 45
4.2　社会调研的技巧 49
4.3　案例撰写 51
4.4　社会调研的学术成果挖掘 76

第5章　学术期刊论文 86
5.1　学术期刊论文的主要特征 86
5.2　学术期刊论文的主要组成 88
5.3　学术期刊论文的撰写技巧 95
5.4　学术期刊论文撰写的案例分析 98

第6章　学位论文 117
6.1　学位论文的基本组成 117
6.2　如何衡量一篇好的学位论文 125
6.3　论文提纲的设计 135
6.4　图、表的处理 141

6.5 绪论与结论的撰写 ……………………………………………… 144
主要参考文献 ……………………………………………………… 145
附　　录 …………………………………………………………… 146
　附录1　国家相关学术道德建设的文件 ………………………… 146
　附录2　江西农业大学学位论文书写及印制规定（修订）……… 163
　附录3　公共管理硕士专业学位论文类型与撰写指导性意见
　　　　　（试行）（2018年版本）………………………………… 174
　附录4　江西农业大学专业学位研究生论文开题报告 ………… 179
　附录5　《如何构筑龙头企业与小农户命运共同体？
　　　　　——基于江西乐安"绿能"模式的实践分析》发表稿 …… 185
　附录6　《农户分化、代际差异对生态耕种采纳度的影响》发表稿 …… 194

第 1 章　学术规范与学术道德

学术规范与学术道德是科研工作者的基本准则和生命线。研究生作为科学研究的后备力量，学术道德水平不仅关系着其培养质量，影响其一生的科研前景，也与整个学术环境的健康发展息息相关。强化研究生的学术规范与学术道德教育，是研究生教育的根本要求。

学术规范与学术道德是开展科学研究的基本伦理规范，是学术界约定俗成并得到社会认同和共同遵守的道德观念、价值取向、行为规范，也是所有研究人员必备的学术素养，对于其提高学术水平、增强自主创新能力以及促进学术繁荣发展具有重要作用。其中，学术规范还包括不同学术期刊各自制定的规范要求，以及不同学位授予单位对学位论文的规范要求。因此，不同的学术成果除了遵循基本的学术规范与学术道德外，还要满足相应的规范要求。

1.1　遵循学术规范与学术道德

1.1.1　严格遵守国家相关规章制度

我国高度重视学术道德建设，尤其是高等学校注重学风建设。近年来，教育部先后出台了《教育部关于严肃处理高等学校学术不端行为的通知》《教育部关于切实加强和改进高等学校学风建设的实施意见》《学位论文作假行为处理办法》《高等学校预防与处理学术不端行为办法》《教育部办公厅关于严厉查处高等学校学位论文买卖、代写行为的通知》等文件（相关文件见附录1）。

2009年，为了惩治学术不端行为，教育部印发《教育部关于严肃处理高等学校学术不端行为的通知》（以下简称《通知》），《通知》要求，高等学校对本校有关机构或者个人的学术不端行为的查处负有直接责任。要遵循客观、公正、合法的原则，坚持标本兼治、综合治理、惩防并举、注重预防的方针，依照国家法律法规和有关规定，建立健全对学术不端行为的惩处机制，制定切实可行的处理办法，做到有法可依、有章可循，并列举了必须严肃处理的7种高校学术不端行为：抄袭、剽窃、侵吞他人学术成果；篡改他人学术成果；伪造或者篡改数据、文献，捏造事实；伪造注释；未参加创作，在他人学术成果上署名；未经他人许可，不当使用他人署名；其他学术不端行为。

2011年，为了坚决反对不良学风，有效遏制学术不端行为，营造风清气正的育人环境和求真务实的学术氛围，教育部出台了《教育部关于切实加强和改进高等学校学风建设的实施意见》（以下简称《意见》），提出要加强高校学风建设，坚持教育引导、制度规范、监督约束、查处警示，建立并完善弘扬优良学风的长效机制。《意见》强调，各地教育部门要将学风建设纳入高校领导班子考核，完善目标责任制，落实问责机制。高校要加强高校教师的科研诚信教育，对教师进行每年一轮的科研诚信教育，在教师年度考核中增加科研诚信的内容，建立科研诚信档案。同时还就高校切实改进评价考核导向、加强科学研究的过程管理、强化全方位监督和约束、规范学术不端行为调查程序、严肃处理学术不端行为、建立定期检查制度等方面，提出明确要求。

2012年，为了规范学位论文管理，推进建立良好学风，提高人才培养质量，严肃处理学位论文作假行为，教育部制定了《学位论文作假行为处理办法》（以下简称《办法》）。《办法》规定，出现以下5种情形被视为学位论文作假，包括：购买、出售学位论文或者组织学位论文买卖；由他人代写、为他人代写学位论文或者组织学位论文代写；剽窃他人作品和学术成果；伪造数据；有其他严重学位论文作假行为。对于学位申请人员论文作假的，《办法》提出了相应的处理措施，如已获得学位者，学位授予单位可以依法撤销其学位，并注销学位证书，取消学位申请资格或者撤销学位的处理决定应当向社会公布，并从作出处理决定之日起至少3年内，各学位授予单位不得再接受其学位申请。不仅如此，学位申请人员为在读学生的，还将面临开除学籍的处分；为在职人员的，学位授予单位除给予纪律处分外，还将通报其所在单位。同时，帮忙作假者也将受到严厉处罚规定。在校学生为他人代写、出售学位论文或组织学位论文买卖、代写，同样会受到开除学籍的处分。学校或学位授予单位的教师及其他工作人员参与作假，则面临开除处分或解除聘任合同的处理。对于社会中介组织、互联网站和个人，组织或参与学位论文买卖、代写的，将由有关主管机关依法查处，并依照有关法律法规的规定追究法律责任。另外，指导教师、相关院系及相关责任人未尽到相应职责的，也可能被追责。

2016年，为了有效预防和严肃查处高等学校发生的学术不端行为，维护学术诚信，促进学术创新和发展，教育部出台了《高等学校预防与处理学术不端行为办法》（以下简称《办法》）。《办法》对预防与处理学术不端行为的工作机制、工作原则、预防措施、学术不端行为的类型、学术不端案件的受理、调查、认定、处理、救济与监督等环节都做了全面规定，要求各地、各高等学校要以《办法》为依据，抓住主要环节，着力完善体制机制。《办法》明确了政府和高校在预防和处理学术不端行为中的职责，健全了学术不端行为的教育与预防体系，明确了学术不端行为的概念和类型，健全了举报受理及组织调查的程序规则，规范了对责任人的处理及救济制度，建立了相关的保障与监督机制。

2018年，为进一步规范学位论文管理，加强学术诚信建设，提高人才培养质量，教育部印发《教育部办公厅关于严厉查处高等学校学位论文买卖、代写行为的通知》（以下简称《通知》）。《通知》要求严厉查处高等学校学位论文买卖、代写行为，对出现论文买卖、代写的高校和负责人要进行处罚和问责；对履职不力、所指导学生的学位论文存在买卖、代写情形的指导教师，要追究其失职责任；对参与购买、代写学位论文的学生要给予开除学籍处分，已获学历证书、毕业证书要依法予以撤销和注销。明确各省级教育行政部门加强与当地网信、市场监管、公安等有关部门协调配合，采取针对性措施予以整治，形成常态化的查处工作机制，学位授予单位要明确工作职责，健全考评体系，完善查处办法，规范查处程序，加大惩戒力度。同时，要严格责任落实。明确各省级教育行政部门、学位授予单位、指导教师分别是查处学位论文买卖、代写行为的监管主体、责任主体和第一责任人，要承担各自职责。要做好学位论文抽检工作。学位授予单位要利用信息技术手段，加强对学位论文原创性审查。

1.1.2 杜绝学术不端行为

科学研究要有敬畏之心。科技工作者不仅应该具备基本的公民道德素质，而且应该具备高尚的科学道德素养。科学道德不仅包括科学研究最基本的诚信，而且还包括科技工作者的社会责任感和为人类造福的科学良心。科学研究是一个非常严肃的事情，必须遵循科学精神，怀敬畏之心开展学术研究。何为科学精神？著名科学家、教育家竺可桢在其所撰写《科学之方法与精神》中，认为应具备3种科学态度：一是不盲从、不附和，一切以理智为依归。如遇横逆之境遇，则不屈不挠，不畏强御，只问是非，不计利害。二是虚怀若谷，不武断，不蛮横。三是专心一致，实事求是，不作无病之呻吟，严谨整饬，毫不苟且。追求真理，造福人类，是科学精神的真谛，包含创新精神、求真精神、实证精神、进取精神、协作精神、包容精神、民主精神、献身精神、理性的怀疑精神和开放精神等。学位论文的研究也是科学研究，必须具备科学道德素养，遵循科学精神。

学术成果将伴随作者的一生。在信息高度发达的现阶段，学术成果随时在接受社会公众的监督，请人代写、大量抄袭、伪造或者篡改数据而形成的学术成果，就像为自己埋下的一颗"炸弹"，随时都有可能被引爆。攻读学位是为了提升自己，为了更好的事业发展，而通过学术不端行为获得的学位会令人一生不安。

做好学术征引和学术注释。充分学习和借鉴他人的研究成果与观点，以继承与发扬的心态开展学位论文研究，是社会的共识。为了尊重他人的研究成果，也为了避免不必要的学术纠纷，要养成做好学术征引和学术注释的习惯，对于引用的成果，必须以相应方式加以说明。

现实生活中，抄袭剽窃、伪造篡改、买卖论文、考试舞弊等学术不端行为还是时有发生。这不仅对个人产生了严重影响，也破坏了教书育人的学术风气，造成了负面的社会影响。中国社会科学院2018年版《反腐倡廉蓝皮书：中国反腐倡廉建设报告No.8》梳理了国内媒体公开报道的64起学术不端典型案例。案例中既有本科生伪造博士证书做博士后，出站后当上了教授，在任职期间被带来的助手揭发文凭问题的龚建国（原名龚伟），也有彻头彻尾的骗局，如研发"汉芯一号"，并骗走上亿元经费的最猖狂学不端行为人陈进。在众多的学术不端案例中，翟天临可能是最为社会所熟悉的一个，详见案例1-1。

案例1-1 翟天临的学术不端事件

一、案例回顾

2019年1月31日，翟天临晒出北京大学光华管理学院的博士后录用通知书。

2019年2月8日，翟天临在直播中回答网友问题时，表示自己并不知道"知网"是什么，引发网友热议。同日，四川大学学术诚信与科学探索网（四川大学官网下二级网站），将翟天临纳入"学术不端案例"公示栏，标题为《翟天临博士毕业却不识知网？工作室与本尊齐回应》。翟天临工作室也于当天发表声明，辟谣"学术不端"等传言，称学位完全符合校方要求。翟天临论文由校方统一上传，于2019年上半年公开，并表示其愿承担违背论文原创性的法律后果。

2019年春节期间，有网友贴出翟天临读博期间的工作日程时间线，显示从2014年7月入读北京电影学院电影学专业博士研究生后，"至少主演了11部戏、参演了7部戏，做了24个代言、录了17个综艺"，质疑其"哪有时间搞学术研究？"

2019年2月，有网友通过社交媒体爆料称查出了翟天临在博士期间的一篇论文，经过专业论文网站的查重，涉嫌抄袭黄山学院文学院黄立华教授2006年刊登在《黄山学院学报》的《一个有灵魂深度的人物——〈白鹿原〉之白孝文论》。且有博士网友认为，在文内有很多地方都有明显的病句、标点符号用法错误等问题，不应该出自一名对理论考究、严谨的博士研究生之手。

2019年2月10日晚间，在知网上已经检索不到翟天临的任何学术性文章。

2019年2月11日，北京电影学院对此事件高度重视，已经成立调查组并按照相关程序启动调查。学校表示高度重视学术道德建设，对学术不端行为持零容忍态度。同一时间，其博士后院校北京大学光华管理学院对于"翟天临涉嫌学术不端"一事高度重视，根据其博士学位授予单位的调查结论按规定处理。

2019年2月13日报道，翟天临北京电影学院硕士学位论文《"英雄"本是"普通人"——试论表演创作中的英雄形象与人性》知网查重结果显示，这篇3万多字的论文，重复字数过万，重复率达36.2%，其中单篇最大文字复制比显示为陈坤的毕业论文。

2019年2月14日，翟天临就学术不端风波发布致歉信称，近期网络上因自己论文情况而引发的讨论，让其懊悔不已，深度自责。他愿意配合调查承担后果，并表示已申请退出北京大学博士后相关工作。同日，北京电影学院发布《关于"翟天临涉嫌学术不端"等问题的调查进展情况说明（一）》，称针对翟天临事件的调查已经进入正式调查阶段，并已通知翟天临本人。北京大学光华管理学院发布《关于翟天临"涉嫌学术不端"事件的声明》，就初步认定结果和处理意见与翟天临本人进行了当面沟通。

2019年2月15日，教育部新闻发言人回应"翟天临涉嫌学术不端事件"称，教育部对此高度重视，第一时间要求有关方面迅速进行核查，北京市有关方面督促和指导北京电影学院组织开展调查，北京大学也开展了相关核查工作。调查不仅涉及本人是否涉嫌学术不端，也涉及工作的其他各个环节是否存在问题。教育部再次重申一贯的鲜明态度——零容忍，绝对不允许出现无视学术规矩，破坏学术规范，损害教育公平的行为。

2019年2月16日，北京大学发布《关于招募翟天临为博士后的调查说明》：确认翟天临存在学术不端行为，同意翟天临退站，责成光华管理学院作出深刻检查。

2019年2月19日，北京电影学院发布《关于"翟天临涉嫌学术不端"等问题的调查进展情况说明（二）》，经学校学术委员会学术道德与学术仲裁委员会建议、学位评定委员会投票决定、校长办公会研究同意：撤销2018届博士研究生翟天临的博士学位，取消其导师陈浥的博士研究生导师资格。

此后，学霸人设崩塌的翟天临很少再露面，演艺事业基本全面停止。

二、案例简析

翟天临东窗事发是迟早的事，但事件发展如此迅速，除了其是公众名人、社会关注度高外，还说明两个事实：一是文献是研究生开展学位论文研究的基础，只有通过文献的综述，才能正常开展相应的研究，充分说明了文献综述对于研究生学习的重要性，研究生必须掌握基本的文献技能；二是"知网"已成为大家公认的文献查阅工具，不知道"知网"在一定程度上就意味着不懂研究。

注：案例回顾等资料来源于网上资料。

1.2 熟悉学校的学术规范要求

1.2.1 江西农业大学的学位论文规范要求

每个学位授予单位一般都会在遵循国家基本的学术规范的基础上，结合单位的特色及培养目标，对其授予学位的学术成果制定具体的学术规范要求。作为本校的学生，必须认真学习并掌握相应的要求。江西农业大学于2021年出台了《江西农业大学学位论文书写及印制规定（修订）》（附录2），其对用纸与印制、学位论文封面和书脊、独创性声明及论文使用授权的说明、目录、摘要、正文、参考文献、主要符号表、附录、致谢、学位论文的字数等方面均作出了明确规定，其中论文版式与字型要求见图1-1。

```
1. 目录
目###录（三号，宋体，居中）
1 ×××××（四号，宋体）………………………………………… 1
1.1 ×××××（小四，宋体）……………………………………… 1
1.1.1 ×××××（小四，宋体）…………………………………… 2
2. 摘要
摘##要（三号，宋体加粗，居中）
内容摘要：×××××××××××。(小四，宋体)
关键词：××××；××××；××××（小四，宋体加粗）
另起一页
Abstract（三号，Times New Roman 加粗，居中）
Content：×××××××××××. （小四，Times New Roman 字体）
```

Key words：××××；××××；××××（小四，Times New Roman 加粗）
3. 正文
纸张的上方和左侧留 30 mm 的边，下方和右侧留 25 mm 的边，页眉边距：23 mm，页脚边距：18 mm。
4. 页眉和页码
页眉：5 号 GB2312 楷体，居中；页码小 5 号宋体，置于页脚，居中。
非正文部分的页眉格式：

（目录、摘要、参考文献、致谢等）（居中）

正文部分页眉格式：
奇页：　　　　　　　　章节题名（居中）

偶页：　　　　　　　　论文题目（居中）

页码从第一章开始按阿拉伯数字连续编排。第一章之前的页码用罗马数字单独编排。
5. 标题
大标题（4）宋体小三号加粗
一级节标题（4.1）宋体四号加粗
二级节标题（4.1.1）宋体小四号加粗
三级节标题（4.1.1.1）宋体小四号加粗
正文宋体小四号，行间距为 18 磅
6. 参考文献
参考文献一律放在结论之后，不得放在各章之后。
在文内相应位置上按顺序标注，在正文末尾列出条目来源。
"参考文献"四字宋体小四号加粗居中，参考文献内容用五号字。书写顺序：序号（空 1 格）作者. 文献题目. 刊物名称. 年，卷（期）：页码.
[1] 张昆，冯立群，余昌钰，等. 球面齿轮设计研究［J］（期刊文章）. 清华大学学报，1994, 34（2）：1-7.
[2] 竺可桢. 物理学［M］（专著）. 北京：科学出版社，1973：56-60.
[3] Dupont B. Bone marrow transplantation in severe combined immunodeficiency with an unrelated MLC compatible donor［C］（论文集）. In：White H J, Smith R, eds. Proceedings of the Third Annual Meeting of the International Society for Experimental Hematology. Houston：International Society for Experimental Hematology，1974：44-46.
[4] 张筑生. 微分半动力系统的不变集［D］（学位论文）. 北京：清华大学数学研究所，1987.
[5] 姜锡洲. 一种温热外敷药制备方法［P］（专利文献）. 881056073，1980-07-26.
[6] 中华人民共和国国家技术监督局. GB 3100～3102［S］［国际、国家（技术）标准］. 中华人民共和国法定计量单位. 北京：中国标准出版社，1994-11-01.
7. 图、表、公式等
①图形要精选，要具有自明性，切忌与表及文字表述重复。图形坐标比例不宜过大，同一图形中不同曲线的图标应采用不同的形状和不同颜色的连线。文中所列图形应有所选择，照片不得直接粘贴，须经扫描后以图片形式插入。图中术语、符号、单位等应与正文中表述一致。图序、标题、图例说明居中并置于图的下方。
②文中表格均采用标准表格形式：三线表。表中参数应标明量和单位。标题居中置于表的上方，表注置于表的下方。

③图、表应与说明文字相配合，图形不能跨页显示，表格一般放在同一页内显示。
④公式一般居中对齐，公式编号用小括号括起，右对齐，其间不加线条。
⑤文中的图、表、公式、附注等一律用阿拉伯数字按章节（或连续）编号，如图1-1，表2-2，式（3-10）等。
⑥格式
表：表居中排
中文表头：表1.1（空2格）××××（5号宋体加粗居中），表内与表注字5号宋体
英文表头：Table 1.1（空2格）××××（5号Times New Roman 居中）
图：图居中排
中文图标题：图1.1（空2格）××××（5号宋体加粗居中），图注字5号宋体
英文图标题：Fig. 1.1（空2格）××××（5号Times New Roman 居中）
注：论文中的表、图、公式按章用阿拉伯数字编号，表与图的标题采用中英文对照形式。
8. 量和单位
应严格执行 GB 3100~3102—1993 有关量和单位的规定（参阅《常用量和单位》，计量出版社，1996）。单位名称的书写，可采用国际通用符号，也可用中文名称，但全文应统一，不要两种混用。

图 1-1　江西农业大学学位论文版式与字型要求

1.2.2　MPA 学位论文的规范要求

全国公共管理专业学位研究生教育指导委员会于 2018 年制定了《公共管理硕士专业学位论文类型与撰写指导性意见（试行）》（附录 3），明确公共管理硕士（MPA）学位论文可分为学术型和应用型等，以应用型为主。MPA 应用型学位论文的选题分为 4 种类型，即案例分析型论文、调研报告型论文、问题研究型论文和政策分析型论文，并分别对各种类型论文的撰写提出参考要求，同时强调各个学校可在此基础上进行细化要求。

针对 MPA 的专业特征，江西农业大学 MPA 教育中心在遵循本校的学术规范要求的基础上，对学位论文提出了更加具体的要求。

一是在论文篇幅上，要求论文正文字数在 2 万字以上，其中 2/3 以上为实质性研究内容，即扣除引言、研究综述、基本概念、理论基础、参考文献、附录、致谢等共性的内容。

二是在图表要求上，论文正文的相关数据图表不少于 5 张，这是为了保证论文能有相应的数据支撑，并鼓励研究内容表达的多样化。

三是在参考文献上，要求文献总数不能低于 30 篇，且近 3 年（按入学

当年计,即 3 年的学制学习期间)的文献资料不少于 1/3。这是因为 MPA 所涉研究内容的政策性、时效性很强,必须确保文献跟上社会的发展。

四是在容错率上,参考学术期刊的标准,容错率要小于 5‰。这是为了要求学生以严谨的态度对待学位论文,要反复多次核对,杜绝错别字等低级错误,确保提交的论文在形式上是"完美稿"。

1.2.3 学位论文的送审、答辩程序与要求

(1) 论文提交与查重

江西农业大学每年有两次学位论文提交,一般上半年提交论文的时间为 4 月 20 日之前,下半年提交论文的时间为 10 月 10 日之前。论文提交后学校对论文进行相似度查重,相似度低于要求标准后,方可允许送审评阅。

(2) 论文送审

论文送审采取盲审,即隐去导师和研究生名字,由两位具有高级职称的校外同行专家进行评阅,评阅结果一般分为 3 类:一是整体达到硕士学位论文水平,可提交答辩;二是基本达到硕士学位论文水平,作重大修改后可提交答辩;三是尚未达到硕士学位论文水平,建议暂不提交答辩。

每个学校会相应制定论文评分标准供专家评阅参考。江西农业大学 MPA 学位论文的评分标准由论文选题(15 分)、文献综述(10 分)、理论与方法(10 分)、应用价值(30 分)、综合能力(20 分)和写作能力(15 分)组成(表 1-1),一般通过 60 分以上即认定为基本达到要求。但除了评分外,还有诸多"一票否决"的情况,如选题与授予专业学位不匹配、发现学术不端行为、研究工作量明显达不到基本要求,等等,具体由评阅专家掌握。

表 1-1 江西农业大学 MPA 学位论文评分

序号	项目	评价要素			得分
1	论文选题(15 分)	选题新颖;有重大的实用价值;有较大工作量和难度(13.5~15 分)	选题较新颖;有较好的实用价值;有较大工作量和难度(11.3~13.4 分)	有一定的实用价值;有一定的工作量和难度(9~11.2 分)	实用价值小;工作量和难度小(8.9 分及以下)

（续表）

序号	项目	评价要素				得分
2	文献综述（10分）	阅读广泛；综述全面；深入了解本领域的研究工作（9~10分）	阅读较广泛；综述较全面；较好了解本领域的研究工作（7.5~8.9分）	阅读量一般；综述一般；基本了解本领域的研究工作（6~7.4分）	阅读量欠缺；综述能力差；对本领域的研究工作不太了解（5.9分及以下）	
3	理论与方法（10分）	理论联系实际好；有创造性见解，成果突出；方法新，运用灵活、正确（8~10分）	理论联系实际较好；有新见解，成果较突出；能较好地运用所学研究方法（5~7.9分）	能理论联系实际；有新见解和成果；能正确运用所学研究方法（2~4.9分）	理论不能联系实际；无新见解和成果；不能正确运用所学研究方法（1.9分及以下）	
4	应用价值（30分）	有重要参考价值和借鉴意义；经济效益和社会效益好；可操作性强（25~30分）	有较高参考价值和借鉴意义；经济效益和社会效益比较好；可操作性较强（20~24.9分）	有参考价值和借鉴意义；有一定经济效益和社会效益；可操作性一般（10~19.9分）	无参考价值和借鉴意义；无经济效益和社会效益；可操作性差（9.9分及以下）	
5	综合能力（20分）	能很好综合所学知识解决实际问题；分析问题严密、有较好的深度；调研深入、充分（18~20分）	能较好综合所学知识解决实际问题；分析问题较严密、有深度；具有较好的调查研究能力（15~17.9分）	能综合运用所学知识；有一定分析问题能力；有一定的调查研究能力（12~14.9分）	综合运用知识和分析问题的能力较差；缺乏理论分析和深度；缺乏调查（11.9分及以下）	
6	写作能力（15分）	逻辑性强；论文结构严谨、层次分明；文字通顺流畅；格式符合写作规范及要求（13.5~15分）	逻辑性比较强；论文结构比较严谨、层次比较分明；文字通顺；格式比较符合写作规范及要求（11.3~13.4分）	逻辑性比较强；论文结构较合理；文字较通顺；格式基本符合写作规范及要求（9~11.2分）	逻辑性较差；论文结构欠合理；文字不太通顺；格式不太符合写作规范及要求（8.9分及以下）	
		总　分				
	学位论文总体等级评价	A（优秀）90~100分（同意该生参加论文答辩）	B（良好）75~89分（同意该生参加论文答辩或修改后参加本次答辩）	C（中）60~74分（同意该生参加论文答辩或修改后参加本次答辩）	D（不合格）59分及以下（不同意参加答辩，对论文进行修改，半年后再申请答辩）	

(3) 论文答辩

通过送审的学位论文，在根据外审专家意见修改完善后可提交答辩委员会进行答辩。

论文答辩的程序一般如下。

①导师简要介绍研究生背景情况。有时也采取研究生基本情况表进行传阅的方式。

②研究生陈述论文主要内容。重点对论文的研究内容、研究方法、研究结果和研究结论进行介绍。

③答辩委员会主席或委托答辩秘书宣读论文评阅意见（或传阅）。

④答辩委员质疑及研究生回答所提问题。答辩委员逐一针对论文内容进行质询、提问，研究生逐一作答。

⑤答辩委员会无记名投票，决定是否通过答辩及是否建议授予学位，并讨论答辩委员会决议。答辩委员2/3及以上通过即可以通过答辩。

⑥答辩委员会主席宣布投票结果，并宣读答辩委员会决议。

⑦研究生致谢。

第 2 章　论文选题与文献综述

论文选题是开展论文研究的第一步，是一个典型的战略性问题，决定着研究的主攻方向、范围、内容、方法，以及论文研究的价值和效用，甚至关系论文写作成败。正如"良好的开端，成功的一半"，选对了研究方向，也就等于论文写作成功了一半。无论是论文题目的最终确定，论证角度的选择，研究素材的选择和使用，还是研究内容的组织和安排、研究方法的选取，都与选题方向存在很大的关系。

论文选题是否合适，在很大程度上取决于文献综述是否充分。学术研究必须在充分吸收前人成果的基础上，站在巨人的肩膀上，才能事半功倍，才能有所创新、思考得更远、研究得更深，而寻找"巨人的肩膀"是站在巨人肩膀上的前提。寻找"巨人的肩膀"就是文献综述，通过全面的文献综述，能够把握研究动态，找出研究的热点，明确研究的切入点。

2.1　论文选题

2.1.1　论文选题的基本要求

总体上看，研究论文的选题应遵循以下基本要求。

一是多因素综合，凸显研究目的与价值。研究论文的选题一般是 4 个方面的综合，即实际工作、社会热点、自身兴趣和研究积累。其中实际工作主要针对在职就读的非全日制学生，这些学生有着具体工作的深刻体会，实际工作中遇到的问题，加上理论指导，有利于工学矛盾向工学互促的方向转变并提升学生的学习针对性和主动性；社会热点要求紧扣社会需求，尤其是人文社会科学，发展阶段不同、时期不同，社会的热点问题也不同，结合社会热点选题，有利于确保研究紧跟时代需要，体现研究的实用价值；

自身兴趣是研究内生动力的一个源泉，兴趣是最好的老师，要深入了解选题，选择自己乐于从事、感兴趣的主题去研究，能够激发内心的动力，也能保证研究的愉快心态；研究积累是做好研究的重要基础，当然研究积累是广义的，不仅仅局限于学术研究，还包括社会调研、工作总结，甚至是一些思考。

　　二是避免"研究空想"，量力而行。研究选题应具有可行性和可达性，而可行性和可达性因人而异，不同的人具有的研究能力和拥有的研究条件不同。因此，论文选题一定要适应自身的条件。一方面，客观评估研究者的知识结构、研究能力和兴趣，尤其是知识结构，不同的行业有不同的门道，跨专业进行研究，连最基本的专业术语都不熟悉，是不可能做好研究的；另一方面，充分评估研究需要的客观条件，包括资料的可获取性、研究经费、分析手段等方面，其中资料的可获取性是关键，但以人们的行为、态度、关系，以及由此形成的各种社会现象、社会产物为研究对象的人文社会科学，很多指标难以量化，具有说服力的素材收集与度量难度很大。

　　三是避免"大题大作"，鼓励"小题大作"。如果"大题大作"，选题过大而涉及内容过多，要论述的地方很多，但都无法深入研究，难以把握分寸，往往会力不从心而破绽百出。而"小题大作"则能针对一个具体的主题进行深入细致的分析，确保研究围绕一个主题展开，研究深度有保障。在具体选题中，一般要经历由"大"到"小"的凝练过程，逐渐聚焦到某一点上。比如"A县乡村振兴战略研究→A县产业兴旺策略研究→A县产业兴旺用地保障研究→A县三产融合的农业设施用地保障研究"的选题过程，从一开始的乡村振兴战略这一宏观的研究选题，最后集中在三产融合的农业设施用地保障上，针对性强；又如"我国农村土地使用制度改革的困境与对策研究→我国农村宅基地制度改革的困境与对策研究→农村宅基地制度改革中农民利益保障研究——以A县为例→农村宅基地使用制度改革中农户房屋财产权保障研究——以A县为例"的选题过程，我国农村土地使用制度改革的困境与对策研究是一个庞大的研究课题，因为农村土地使用制度改革包括诸多改革内容，且不同改革内容的改革目标与路径不同，不可能通过一篇学位论文论述清楚，慢慢过渡到以A县为例，集中于农村宅基地制度改革中农民利益保障研究，但农村宅基地制度改革中农民利益保障也是过于复杂的问题，最后聚焦于农户房屋财产权保障研究，切入点不大，却是社会的关注点之一，研究针对性强，意义明显。

四是选取合理的研究类型，坚持问题导向。不同类型的研究，相应的研究思路、方法与路径不同。至于研究类型如何划分则取决于划分的角度。根据研究性质，可分为理论性研究和应用性研究。理论性研究是在以往的理论基础上进行的拓展和延伸，一般都需要明确的研究假设，在研究过程中检验假设，而应用性研究则具有明确的指向性应用目的，关注解决问题的措施与方案。根据研究目的，可分为描述性研究、解释性研究和预测性研究。描述性研究是对社会现象的状况、过程和特征进行客观的阐述，阐明研究对象"是什么"；解释性研究是对研究对象作出解释，回答的是"为什么"的问题；预测性研究是带有前瞻性质的研究，是对研究对象将来的状态进行分析，是在描述性研究和解释性研究上的进一步深化。根据研究的时间维度，可分为横剖研究和纵贯研究。横剖研究是在某一特定时间对研究对象进行横断面的研究，纵贯研究是在较长时间内对某种社会现象的观察和研究，也称为趋势研究或跟踪研究。根据调查对象的范围，又可分为普查、抽样调查和个案调查。普查是对研究范围的所有对象进行调查研究，抽样调查是通过抽取典型样本进行调查研究，个案调查则是对典型案例进行深入剖析，"窥一斑而知全豹"。如何选取合适的研究类型，主要取决于通过研究需要解决的问题，即坚持问题导向确定研究类型。

2.1.2　论文选题是个不断聚焦的过程

作为研究生，与导师第一次见面，就非常关心论文题目，想尽早确定题目开始着手撰写论文。但学位论文与学生的作文不同，作文是面对一个命题，自拟提纲并在规定的时间内完成，而学位论文是基于科学问题，并且要通过研究才能完成的。论文选题方向只是开展论文研究的第一步，并不等同于确定了论文题目，要在论文选题下，逐步明确研究方向，确定研究主题，找出切入点，最后才敲定论文的具体题目，不少学位论文题目还是在研究过程中不断推敲完善的。案例 2-1 是在 MPA 教学过程中，一个由选题到敲定论文题目的逐步聚焦过程。

案例2-1 从选题到论文题目的敲定

一、案例回顾

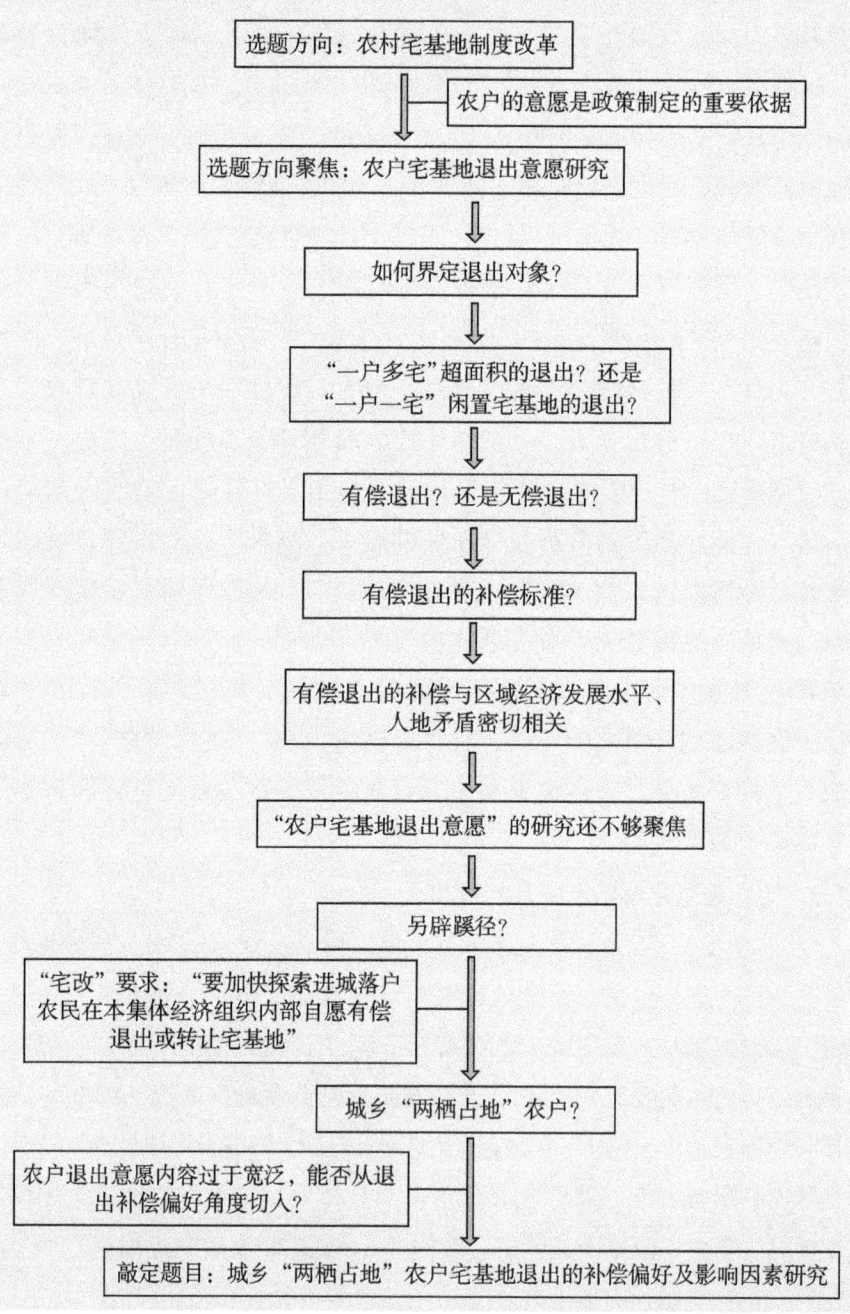

二、案例分析

农村宅基地制度改革是深化农村改革的重要内容，这一选题方向符合MPA的选题方向，接下来的讨论就聚焦于"如何界定退出对象"。是"一户多宅"超面积的退出？还是"一户一宅"闲置宅基地的退出？因为不同对象的退出，所适用的制度与政策完全不同。而且退出分为有偿退出和无偿退出两种方式，若有偿退出，其补偿标准受到村庄区位、区域经济发展水平、人地矛盾、自然资源禀赋等诸多因素影响，开展"农户宅基地退出意愿"的研究难度很大。

从国家开展农村宅基地制度改革目标与内容着手，换个角度寻找研究切入点。"探索进城落户农民在本集体经济组织内部自愿有偿退出或转让宅基地"是农村宅基地制度改革的一项明确内容，那么，能否针对进城落户农民的退出进行研究？

通过文献发现，在城镇化进程中，存在大量的"人户分离"人口，这些人既在城镇拥有立足之处，又在农村拥有宅基地，但常年生活工作在城镇，农村宅基地和住房处于长期闲置状态。并且，在"人户分离"人口中，有一定比例的人已在城镇购买了商品房，他们的户籍还保留在农村，在城镇安居乐业占用了城镇建设用地，在农村又保留着宅基地，这些城乡"两栖占地"农户的存在造成了农村土地资源的闲置和浪费，也加剧了建设用地供求的结构性矛盾。由于他们已购买城镇商品房，有了稳定的住所，具备退出农村宅基地的基本条件，应是当前开展农村宅基地制度改革，鼓励退出"一户一宅"闲置宅基地的对象，符合政策与现实两方面的需求。另外，在前期的"宅改"调研中发现，这些城乡"两栖占地"农户，对宅基地退出补偿方式的祈求主要集中在3种："现金补偿""购买商品房享受政策优惠""申请宅基地优先"，因此，城乡"两栖占地"农户宅基地退出的不同补偿偏好及其影响因素研究，可以为宅基地退出激励的差异化政策制定，引导农户自愿有序退出宅基地，进而为新一轮深化宅基地制度改革提供参考，具有明显的研究价值。因此，最后敲定学位论文的研究题目为：城乡"两栖占地"农户宅基地退出的补偿偏好及影响因素研究。

2.2 文献综述

2.2.1 文献综述的任务与要求

论文研究都是从文献综述开始的,要通过大量文献的阅读与梳理,全面掌握拟开展论文研究主题的相关研究现状。通过对已有研究的观点、方法进行系统分析、比较、批判与反思,进而发现目前存在的问题、不足和发展趋势,从而为论文选题方向的选择、研究切入点和突破点的确定,以及研究方案的制定提供参考。文献工作的具体任务与要求包括以下几点。

(1) 文献工作的具体任务

清楚地了解研究课题的背景和意义。尽管不少研究者基于自身工作需求,能提出不少研究的热点,但此类研究是否已相对成熟还需要通过文献进一步核实。通过文献,可以全面掌握此类研究在国内、国外开展的宏观背景,特别是通过不同文献对研究背景与意义的各自阐述,有助于研究者对研究背景的系统了解,进而能更加充分地阐述研究的理论意义和现实意义。

掌握研究课题的历史和现状。任何研究都有其历史渊源,通过对其发展脉络的了解,有利于理解此类研究的来龙去脉,进而更加全面地掌握研究现状,有利于发现研究的突破口。

确定研究的切入点。通过文献阅读,要找出目前研究中的不足,而目前研究中的不足,往往是下一步研究的创新之处,是开展论文研究的切入点。研究的不足可以从研究对象、研究方法、研究内容的深度、研究的前瞻性、研究的现实性等多方面进行分析,也可以根据最新的社会发展需要进行延伸。

确定研究内容和方法。通过文献的全面梳理,详细掌握研究主题不同领域的研究进展,进而确定拟开展研究的具体内容,特别是有助于明晰每项研究内容如何进一步展开,以及开展研究所采取的研究方式方法。

(2) 文献综述的基本要求

文献综述要坚持客观性、综合性、评述性、前瞻性和继承性。客观性,就是要忠实于作者的观点,不能断章取义,更不能根据自己的理解而曲解作者的原意。因此，文献阅读一定要充分理解作者提出观点的前因后果，是在什么条件下、什么背景下得到的结果，特别是具有一定争议的学术观点，一定要深入了解作者提出这些观点的前提条件。综合性，就是要全面阅读，广泛综合不同学者的不同观点，多读多思考，不以偏概全。评述性，就是要对文献进行相应的评述，文献综述不是简单地作笔记，不是把不同文献的观点、研究方法罗列记录下来，而是要对不同学术观点或研究方法进行对比分析，归纳不同学术观点的学术争议点及其原因，或不同研究方法的优缺点及其适用条件。前瞻性，就是要用动态和发展的眼光看待现有的研究进展，根据研究趋势适当预测发展方向，进而让自己的研究能跟上发展步伐。继承性，就是要把自己的研究建立在已有研究的基础上，继承现有的研究成果展开自己的研究。

文献综述要坚持阅读"最权威、最经典和最前沿"的文献。"最权威"是指本研究领域内最有影响力和最知名的国内外学者、专家和教授的著作、论文等各类文献资料，当然，前提是需要掌握本领域有哪些权威的专家学者，所以要多看文献且多与同行交流。"最经典"是指本研究领域在中外历史文化发展过程中，那些经历了历史和社会检验的中外名著，主要是经典经验。"最前沿"是指为了确保文献的时效性，要求阅读的文献必须包括近几年来发表的时新文献，尤其涉及政策的研究，一定要跟紧最新的政策变化及相应研究。

在文献阅读中，可以进行文献的二次引用，即在文献阅读中，发现文献中引用了经典的文献可以再次引用，但必须进行进一步确认，通过查找原文确认文献的出处与观点，确保无误。同时，要养成随时做好文献的规范记录习惯，对于引用的观点要及时做好文献的出处标注，切忌事后补写参考文献。

2.2.2　文献查阅方法

不同的文献对象有不同的查阅方法。经典著作可以借助图书馆，期刊论文则主要依赖文献数据库。论文涉及数据则一定要参考各类统计年鉴或各级政府各部门的数据公报，这些数据才具有法定性和权威性，各类网络上的数据一般不建议引用，缺乏可信度。在选择文献阅读对象时，一定要以学术期刊为主，书籍或学位论文不宜过多。

常见的中文文献数据库系统包括中国知网、万方、中国期刊网等。各种文献数据库各有特色，下面以中国知网为例介绍文献数据库的运用。

江西农业大学给每位研究生建立学校图书馆账号，在职就读的研究生也可以通过 VPN 登录，具体操作是进入 https：//www.jxau.edu.cn/，点击 VPN，输入账号与密码登录（图 2-1）。

图 2-1　江西农业大学图书馆登录界面

点击进入图书馆网页（图 2-2）。在网页中可以看到中文数据库、外文数据库和试用数据库 3 个板块，研究生可选取任一数据库进入查阅文献。

以中国知网为例，点击则进入中国知网页面（图 2-3）。推荐使用高级检索，系统提供了主题、关键词、篇名、作者等进行检索，可根据需要选择（图 2-4）。

以宅基地"三权分置"为研究主题进行文献查阅。在主题中输入"三权分置"进行检索，结果见图 2-5，表明与"三权分置"相关的文献共有 3 839 条，包括学术期刊 2 842 条、学位论文 627 条、会议论文 47 条，报纸 107 条、图书 5 条、成果 3 条。

由于"三权分置"涉及农用地的所有权、承包权和经营权的"三权分置"，也涉及宅基地所有权、资格权和使用权的"三权分置"，为此，在主

图 2-2 江西农业大学图书馆网页

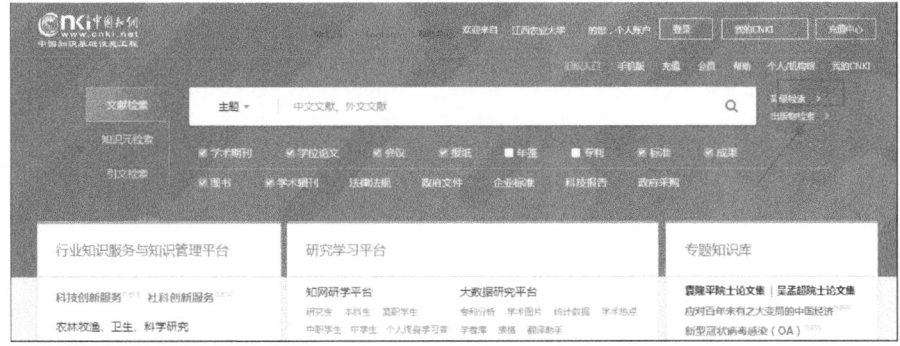

图 2-3 中国知网主页

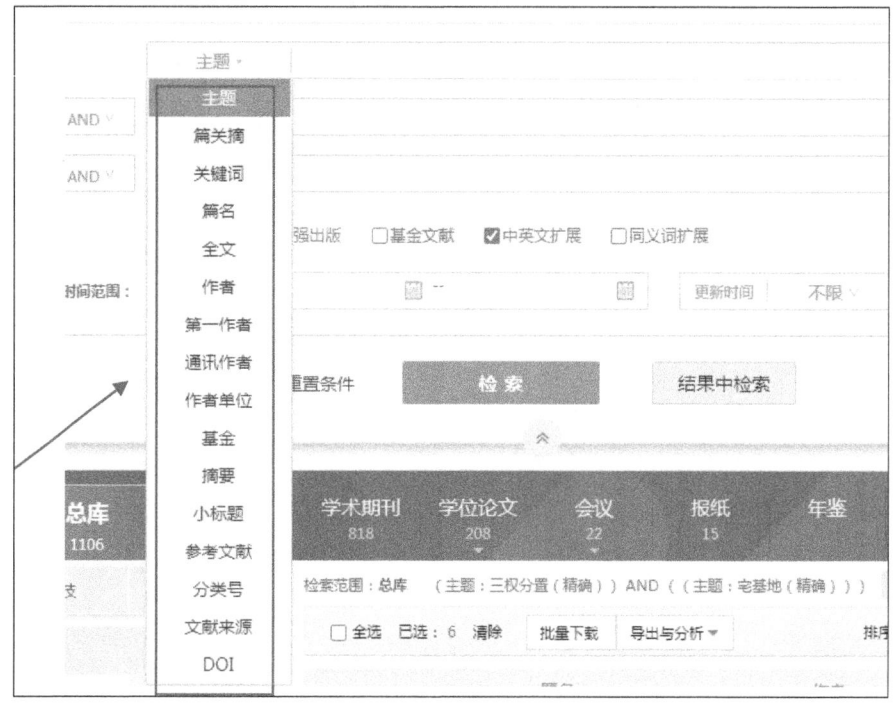

图 2-4　中国知网检索页面

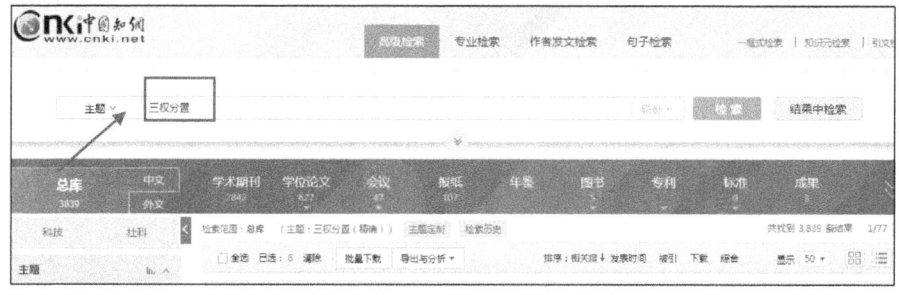

图 2-5　以"三权分置"为主题进行文献检索

题中再次输入"宅基地",使用"结果中检索"功能,结果见图 2-6。从搜索结果可知,与宅基地"三权分置"相关的文献共有 1 106 条,包括学术期刊 818 条、学位论文 208 条,会议论文 22 条,报纸 15 条、图书 1 条、成果 1 条,可以分别点击进入查看。

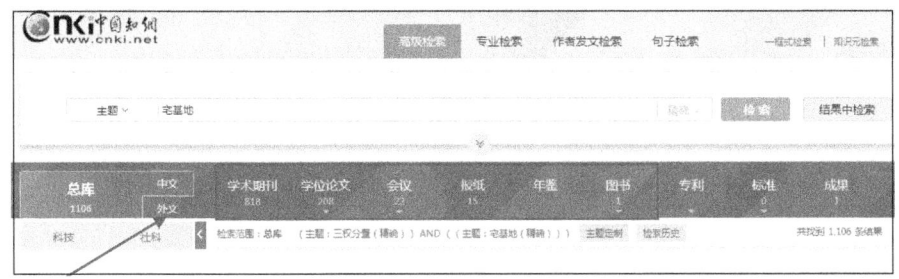

图 2-6　与宅基地"三权分置"相关的文献检索结果

点击学术期刊,即可对 818 条文献按相关度、发表时间、被引、下载、综合等进行排序显示(图 2-7),分别点击即可。

图 2-7　与宅基地"三权分置"相关的学术期刊检索结果

为了快速查阅高质量期刊文献,可以进一步对期刊类型进行筛选。在来源类别中含有"全部期刊""SCI""EI""CSSCI""CSCD""AMI"等选项,社会科学一般会选 CSSCI,然后使用主题"三权分置"检索后,再用"宅基地"在"结果中检索",结果见图 2-8,包括 233 条文献。

然后,对这 233 条文献根据题目快速浏览,通过点击,逐一选取拟阅读的文献。依此方法再对学位论文、会议论文、报纸等其他类型文献进行筛选。最后,使用"导出与分析"中的"导出文献"功能,一般按 GB/T 7714—

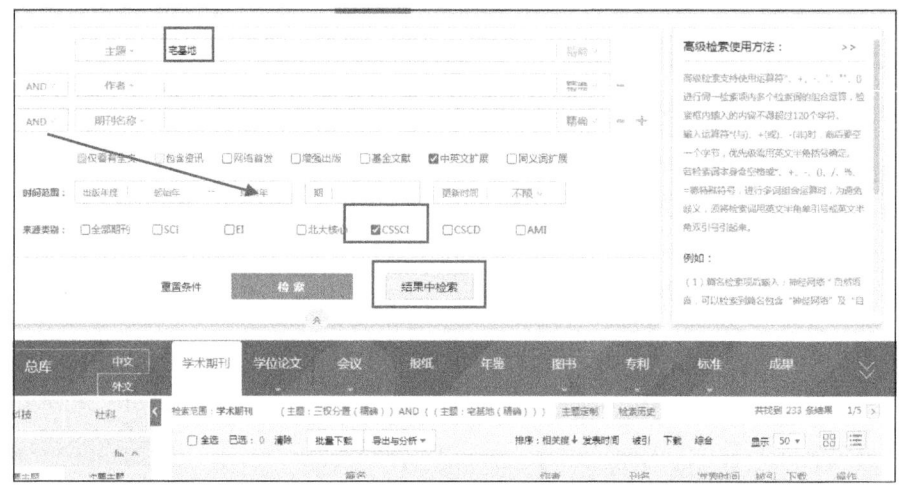

图 2-8　与宅基地"三权分置"相关的 CSSCI 期刊检索结果

2015 格式引文（图 2-9），图 2-10 是导出选中的 31 篇文献清单，点击"doc"即可将其以 word 文档形式输出，这就形成了以宅基地"三权分置"为研究主题的基本文献库，当然，随着研究的推进，文献库还要不断扩充。

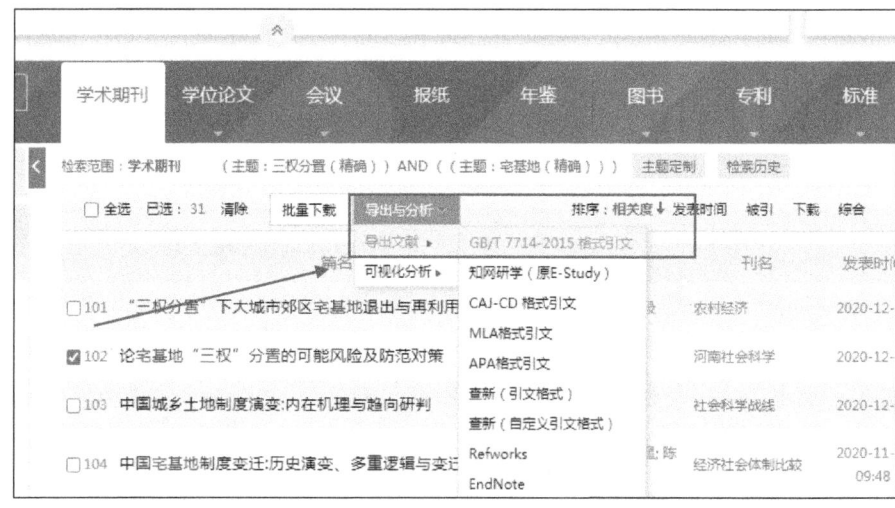

图 2-9　中国知网的导出文献功能界面

图 2-10 以宅基地"三权分置"为主题导出的文献清单

2.2.3 处理好泛读与精读的关系

不需要对所有文献都进行仔细认真地研读,这在时间上不允许,也没有多大必要,要善于泛读与精读的结合。泛读就是看摘要。中国知网不需要下载全文就可浏览摘要,可以把选取的期刊论文摘要都下载在一个文件内,并对相似内容进行归类,有利于观点的对比。精读则是在泛读的基础上,选取需要进一步深入研读的文献进行系统剖析。精读要求对全文的整个逻辑思路、写作脉络、数据特征及其收集方法、研究方法、观点凝练、论据支撑、研究结果归纳、研究结论的提炼等内容进行全面梳理,最好能做到自己不看文献就可以复原文献的主要内容。在精读中,建议借助逻辑思维导图进行研读。逻辑思维导图是一种高效的可视化工具，能够帮助读者快速高效地分析文献，提炼文献的主要观点，并激发自己的研究思路。

图 2-11 是 2021 级研究生陈虹对文献［王志锋，徐晓明，战昶威. 我国农村宅基地制度改革试点评估——基于义乌市与宜城市对比研究的视角. 南开学报（哲学社会科学版），2021（1）：33-42.］研读后形成的逻辑思维导图。

2.2.4　合理组织文献内容

在文献综述中对研究内容进展的组织，一定要紧扣研究主题、针对性强、条理清晰，不宜过宽过泛。比如以宅基地"三权分置"为研究主题，其文献综述应该从宅基地"三权分置"的内涵、实现的影响因素、实现机理与路径、制度创新等方面对研究进展进行内容组织，而不能扩大至对宅基地的认知、宅基地改革的意义、宅基地改革的任务、宅基地改革的实践等方面。

再如，在农村集体产权交易的市场化建设为研究主题的文献中，可以从关于农村集体产权及其交易特征的研究、关于农村集体产权交易市场化建设存在的问题及其原因的研究、关于推进农村集体产权交易市场化建设对策的研究等方面对研究进展进行内容组织；在新乡贤与乡村治理为研究主题的文献中，可以从关于新乡贤及其特征的研究、关于新乡贤参与乡村治理机制的研究、关于新乡贤参与乡村治理存在的问题及其原因的研究、关于新乡贤参与乡村治理成效的研究等方面对研究进展进行内容组织；在闲置农村宅基地的盘活为研究主题的文献中，可以从关于农村闲置宅基地的现状及其原因研究、关于盘活农村闲置宅基地影响因素的研究、关于农村闲置宅基地盘活成功案例的研究、关于农村闲置宅基地盘活对策的研究等方面对研究进展进行内容组织。

第 2 章 论文选题与文献综述

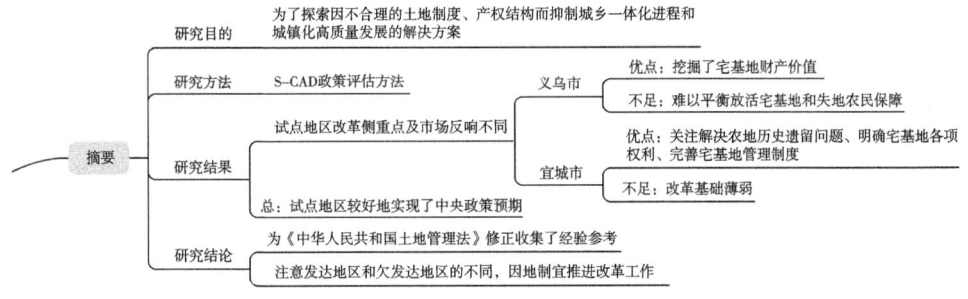

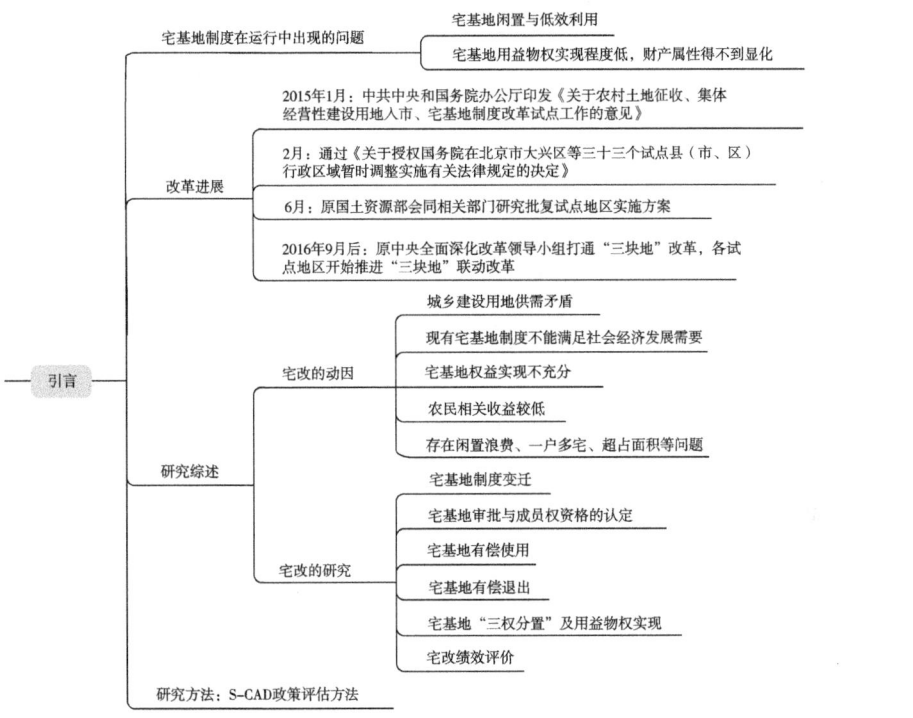

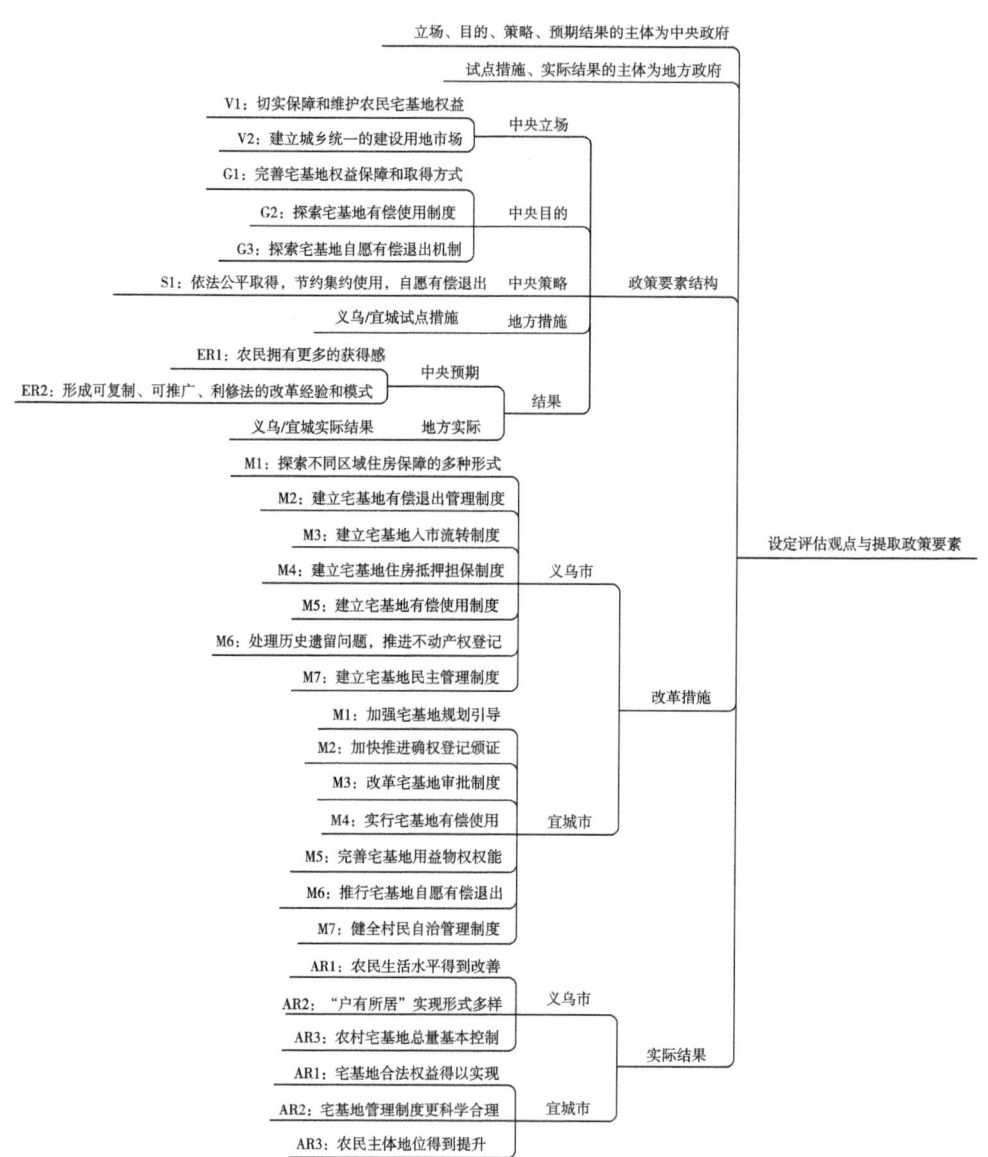

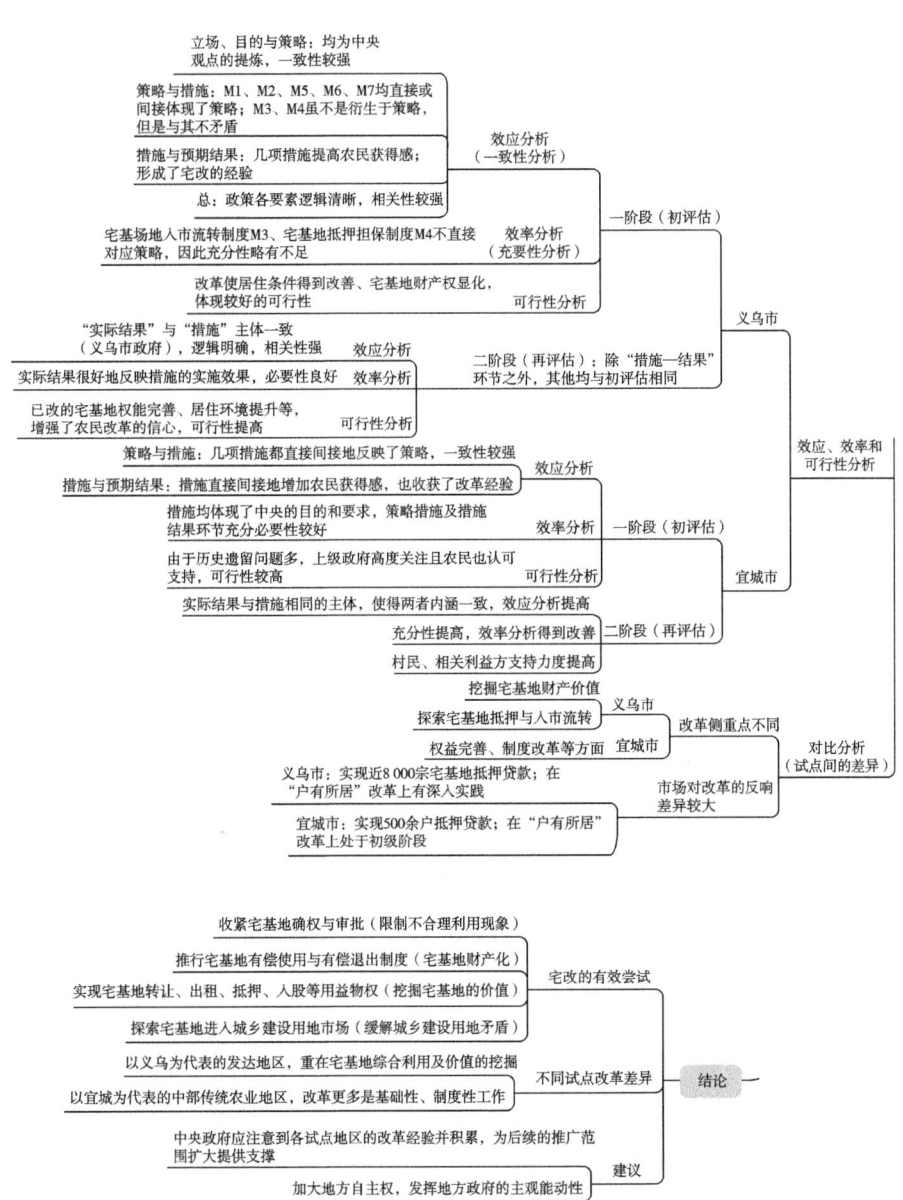

图 2-11 研究生陈虹的文献逻辑思维导图

第3章 开题报告

开题报告是初步选定学位论文选题方案后,对后续拟开展论文研究的整体方案进行全面系统地论述,而开题报告答辩是对论文研究的集体指导,是对论文选题可行性的进一步论证,研究思路的进一步清晰,以及对研究内容、研究方法的进一步完善。因此,开题报告是一个非常重要的环节,也是完善研究方案,少走弯路、提高研究效率的机会,研究生要做好充分准备,好好珍惜这个机会。

开题报告就是学位论文研究的"作战方案",是对论文研究的总体布局、战略安排与战术部署。开题报告不仅要明晰所要研究的问题,更要阐明所研究问题得以提出的依据以及解决这些问题的基本思路、方法,明确拟开展的研究内容,特别是要把各项研究内容之间的逻辑关系论述清楚。一份好的开题报告,具有明晰的研究思路和详细的研究方案,可行性、可操作性均很强。当其他人依据开题报告也能顺利完成论文研究时,这就是一份优秀的开题报告。

3.1 开题报告的主要内容

尽管不同学位授予单位对其学位论文开题的具体要求有所不同,但主要内容一般都包括选题依据、研究方案和研究基础3个方面。其中选题依据是在介绍研究背景的基础上,根据文献综述,提出选题的目的、意义,论述选题的可行性;研究方案是开题报告的核心部分,要明确研究的具体目标,构建详细的研究内容,提出拟采取的研究方法、技术思路和预期进展安排,是论文研究的具体落实;研究基础则是与论文研究主题相关的工作积累和研究条件,是论述论文研究实施的保障。

江西农业大学专业学位研究生论文开题报告分为选题依据、研究方案、研究基础、导师意见、论文选题评议5个部分（附录4）。其中导师意见是对开题报告的内容作一个简单评价并就能否提交答辩签署意见，而论文选题评议是答辩小组经过答辩，对选题的意义、实验设计方案、预期进展和成果、综合问题的能力、表达能力等方面作出评议，并提出是否通过答辩的建议。

3.1.1 选题依据

选题依据要求阐述选题的背景、目的、意义、国内外研究现状述评，并附上主要参考文献。

这部分内容主要论证论文选题的可行性和合理性，往往就是学位论文中的绪论内容，当然，在最终论文定稿时，还需与时俱进地补充最新的背景介绍，特别是加上更新的参考文献，确保文献的时效性。在选题背景中，首先应对选题的宏观政策或现实需求进行系统介绍，引出论文的问题需求，然后就本学位论文的研究切入点进行界定，说明理由，进而阐述研究要达到的目的，并就理论意义或现实意义进行详细介绍，进而突出本学位论文研究的必要性。

国内外研究现状就是文献综述，就是在对现有研究充分梳理与评述的基础上，阐明拟研究既不是重复研究，也不是凭空开展的研究，而是建立在已有研究基础上的扩展或者创新。

3.1.2 研究方案

研究方案包括研究目标、研究内容、拟采取的研究方法、技术路线和预期进展等内容。

这部分内容是整个开题报告的核心内容，关系着论文研究是否能实现预期研究目标。首先要对研究目标有个明确的定位，明晰通过论文研究要完成的具体任务、达到的具体目标。然后，针对研究目标，明确需要开展哪些具体研究内容，并明确拟采取的研究方法，特别是对于需要的研究数据与素材，应明确具体的资料收集方法和工作步骤。若涉及问卷调查，应提出初步的问卷设计思路、调研对象及其调研样本的确定与数量、调研的实施方式；若涉及访谈，则应提出访谈提纲、访谈对象与实施方式；若涉及典型案例的剖析，则要明确典型案例的选取方式，最好能提出拟调研的典型案例。

技术路线往往通过技术路线图表达，通过图示的方式，明示研究的整个思路。技术路线图是最直观的研究逻辑表达，能够一目了然地展示研究内容的先后安排、逻辑主线和相应的研究方式方法。

预期进展则是按学制要求进行相应的研究工作安排，一般有统一的要求。

3.1.3 研究基础

研究基础包括与本论文有关的工作积累、已取得的工作成绩、研究条件、存在问题与解决的途径与措施等内容。

作为非全日制研究生，一般需要结合自身工作开展论文研究，应就论文选题的相关工作积累进行介绍，往往包括已收集的数据、素材，以及已形成的调研报告、学术论文或工作总结，并结合拟研究的内容，介绍具备相应的条件保障，对于存在的问题与困难，要明确解决的途径与措施，进而说明开展本研究具备了可达性。

3.2 开题报告的逻辑结构

逻辑是学术研究的生命线，也应体现在开题报告中，要针对研究主题，把问题的提出、问题的分析、问题的解决串成一个整体，前呼后应，思路清晰。

3.2.1 研究问题的提出逻辑

一切研究都始于问题，缺乏问题意识的研究就失去了研究价值，这也是学位论文与工作总结报告的本质区别。工作报告的重点是介绍工作做法及取得的成效，而学位论文是通过剖析某个问题进而提出解决办法或对策建议。

如何确定所研究的问题？一般有3种路径。一是现有的研究没有意识到或发现的新问题，这类问题的提出往往需要研究者熟悉本领域的内容，用独特的眼光去捕捉新问题，但由于是一个崭新的问题，可供参考的文献不多，研究的难度相对较大；二是已有的研究还没有运用或运用得不够成熟的视角和方法，这是最常见的问题选取方法，同样一个主题，换个角度或方式去研究，往往能找出不同规律；三是从实际工作中遇到的具体问题，且具有研究价值方向上确定研究问题，这一方法是在职就读非全日制研究生所鼓励的。这类问题的提出，研究者对实际情况认识深刻，往往能把握住研究的问题关键所在，且研究的现实意义更加明显，研究成果可直接应用于研究者的具体工作中，解决现实问题。当然，这3种路径并非"非此即彼"，现实中往往鼓励融合使用，特别是第二、第三种路径的综合运用。

问题是相对的，且有其历史渊源，这是研究问题提出需要遵循的基本思路。充分的文献综述是提出研究问题的基础，研究者既可以从他人所提出的问题中生出新问题，也可以归纳多项研究结果提出新的问题，但不论如何提出问题，都要善于追寻问题的来龙去脉，因为问题从来都是在历史中形成的，如果不把握问题发展的历史，不仅难以理解当前正在研究的问题，更重要的是难以正确把握问题的发展趋势，也就对研究意义与价值无法完全认识到位。强调充分的文献综述，就是要通过广泛而深入的文献阅读，把握研究现状中隐含的研究问题形成与发展的历史，进而为确定研究问题的前沿创造基础。当然，若研究者立足于研究方法或研究视角的创新，则重点要对所应用方法的先进性、适用性进行充分论证，或对新的研究视角进行系统阐述，明确其研究的独特之处。

研究问题的提出是一个"剥笋"的过程，要避免把"研究理由"当作"研究问题"。问题往往隐藏在纷繁复杂的现实背后，要发现问题，则需要运用层层推理的"剥笋"思维，透过表面看本质，提炼影响现象的内在问题。"研究理由"与"研究问题"有明显的区别，"研究理由"是研究的必要性和意义，是研究的价值所在，说明的是为什么要开展这项研究，而"研究问题"就是困惑或矛盾，是在理论或实践中存在但还没有探究或解释清楚的疑问，说明的是开展这项研究的任务。

以"耕地'非粮化'治理多主体协同机制构建"这一研究主题为例，其"研究理由"就是确保粮食安全，作为人口大国，必须"把饭碗牢牢端在自己手上"，"解决好吃饭问题，始终是治国理政的头等大事"。而耕地"非粮化"治理涉及基层政府、村集体经济组织、农户、农业经营者等多元主体，也涉及农业农村、自然资源等多个部门，客观上需要形成一个多主体协同机制，才能实现耕地"非粮化"治理的目标。而"研究问题"则需要层层"剥笋"分析：耕地"非粮化"治理的目标是什么？到底具体涉及哪些关联主体？这些关联主体在耕地"非粮化"治理中扮演什么角色？分别受哪些因素影响？目前这些关联主体的协同现状如何？成效如何？存在哪些问题？原因是什么？如何才能调动各主体的积极性和主动性？需要哪些政策提供保障或激励？再结合"耕地'非粮化'治理多主体协同机制构建"研究主题，"多主体协同机制"是核心关键词，"机制"原指机器的构造和工作原理，引申到社会经济领域，则是指各要素之间的结构关系和运行方式，那么"耕地'非粮化'治理多主体协同机制的构建"需要解决的问题就是：为实现耕地"非粮化"治理目标，厘清关联主体的结构关系，构建相互协同的运行方式。

研究问题的提炼归纳，实质上是核心观点的凝练过程。研究问题的确定并非凭空拍脑袋想出来的，在确定研究方向后，通过充分的文献研读，还要经历研究问题的初定与研究问题的论证等反复酝酿、孕育的过程。在选题之初，对研究问题的认知往往只是一种宽泛、朦胧与模糊的意识，而这种宽泛、朦胧与模糊的意识还需要不断思考、分析，需要对初定的研究问题的再认识、再分析和再论证的逐步深化。

以"'空心村'改造的后续治理研究"这一选题为例。近年来，随着各地"空心村"改造的推进，资源闲置突出、公共服务落后、基层组织薄弱等问题对社会治理提出了新的挑战，加强后续治理是巩固"空心村"改造成果的必然需求，选题理由非常充分。通过层层剖析，最终明确的研究问题是：在分析"空心村"改造对社会治理影响的基础上，明晰"空心村"改造后社会治理面临的各种困难，针对存在的主要问题及其原因，提出"空心村"改造的后续治理的对策建议。在研究问题提炼归纳中，也凝练了相应的核心观点：一是"空心村"改造的人居环境建设不及时、闲置宅基地得不到有效盘活是"空心村"改造后社会治理的最主要的表现；二是三产融合发展乏力、集体经济组织实力弱是"空心村"改造后续治理面临的最主要困境；三是乡村人口流失严重，导致乡村治理缺乏活力是必须面对的客观现实。

3.2.2 研究内容的展开逻辑

研究内容应紧扣研究问题，与研究目标相呼应。研究内容是针对研究目标而对研究问题的具体化。为了解决研究问题，就要把问题具体化。在问题具体化过程中相应就形成了研究内容,因此在一定程度上,研究内容所显现的是论文的问题域。其中,关键问题是其他问题联系起来的"关节",抓住了这样的问题往往能够实现问题域的突破,也决定了论文研究的主要问题。一篇学位论文不可能解决问题域里的所有问题,甚至不可能彻底解决一个问题,而只能在一定的范围、程度和水平上获得解决,这就需要合理设定研究目标。换言之,研究目标就是对论文所涉及的问题范围、解决该范围内的每个问题所要达到的程度和水平加以限定。之所以在开题报告中把研究目标经常置于问题的提出之后,这其实相当于启发研究生要从所提出的问题上去思考研究目标,这也是逻辑需求。而为了实现研究目标,就形成了相应的研究内容。

研究内容应形成相对完整的体系,保证研究的系统性。学位论文是一篇相对独立且内容较为丰富的学术成果,研究内容的设定在整体上必须体现系统完整性,且每项研究内容之间存在内在逻辑关联。常见 MPA 学位论文的研究内容体系往往由现状分析、存在的主要问题与原因剖析、经验借鉴与启示、对策建议 4 个部分组成,如在题为"江西省 D 县失地农民权益保障中存在问题与对策"的研究中,其研究内容就设置为江西省 D 县失地农民权益保障现状分析、江西省 D 县失地农民权益保障中存在的主要问题与原因剖析、兄弟县失地农民权益保障经验借鉴与启示、完善江西省 D 县失地农民权益保障对策建议 4 个部分。

研究内容具备具体性、针对性和操作性强的特征。撰写开题报告不仅要明确各项研究内容,更主要的是要明确每项研究内容具体要做什么,既要针对拟解决的问题,也要具有可操作性,便于研究实施。如在题为"江西省东乡县耕地经营权流转的现状与对策"的开题报告中,其研究内容表述如下。

①江西省东乡县(现东乡区)耕地承包经营权流转现状分析:从东乡县农业农村局和实地访谈获得的数据和资料,结合东乡县的自然经营状况,对总体流转情况深入分析,通过对其流转过程中的主要做法、取得的效果进行客观的分析,以及对流转的特征进行归纳。

②江西省东乡县耕地流转案例的剖析:对东乡县耕地流转大户艾早有、美尔丝瓜络之路、辉明食品蔬菜种植 3 个典型案例进行总结分析,对成功经

验进行归纳总结。

③江西省东乡县耕地流转中存在的问题与原因分析：从农户流转积极性、流转效果、政策环境、政策支持等方面系统分析东乡县现阶段经营权流转中存在的主要问题及造成问题的原因。

④典型耕地流转成功案例经验与启示：对江西省修水县黄溪村的"确权确股不确地"的经营权流转、余江县（现余江区）山底村基于专业合作社的经营权流转和金溪县桥上村基于土地股份合作社的经营权流转等案例进行剖析，总结成功经验，并提出对东乡县耕地流转的启示。

⑤规范和推动东乡县承包地经营权流转的对策研究：针对东乡县耕地流转中存在的问题分析及其原因分析，结合东乡县的实际情况，系统提出规范和推动东乡县承包地经营权流转的对策建议。

以下是题为"浙江Y县X镇耕地'非粮化'治理多主体协同机制构建"开题报告中的研究内容表述。

①浙江Y县X镇整治耕地"非粮化"的实践。深入分析X镇耕地"非粮化"整治案例，包括Y县X镇整治耕地"非粮化"的主要做法、取得的成效及其总结思考。

②耕地"非粮化"治理多主体协同机制构建的理论分析。在明确耕地"非粮化"整治中各利益相关主体的基础上，运用准公共物品、多元协同治理等相关理论，对耕地"非粮化"整治中不同主体的协同进行理论分析，针对耕地"非粮化"整治中不同主体的主要利益祈求，在理论上提出构建协同机制的基本原则、政策激励与约束、路径选择等内容。

③耕地"非粮化"整治中不同主体协同意愿的实证研究。以问卷调查、小型座谈会、访谈等形式，在浙江Y县X镇分别对农业规模经营主体、传统小农户、村集体经营组织等相关利益主体进行调查，掌握不同主体对耕地"非粮化"整治的认知、态度、祈求、建议，提出实现不同主体协同的具体思路。

④兄弟县（区）耕地"非粮化"整治不同主体协同的经验与借鉴。对国内其他地区耕地"非粮化"整治不同主体协同的经验进行分析，并提出对Y县耕地"非粮化"整治不同主体协同的启示。

⑤浙江Y县X镇构建耕地"非粮化"治理多主体协同机制的对策。在

上述研究的基础上，分别从经济、制度、法律机制等方面提出构建耕地"非粮化"治理机制的具体对策建议。

不宜罗列详细的论文提纲，避免有"未卜先知"之嫌。为了保障研究的逻辑性，在开题报告中可以罗列相应的论文提纲来表现其研究构思、明晰研究主线，但开题报告毕竟是在正式开展论文研究之前，诸多内容尚未有结论，类似于取得的成效、存在的主要问题与原因、对策建议，都还没形成观点，所以论文提纲一般只列出二级标题，不能先入为主，反而让结论有"未卜先知"之嫌，尤其在对策建议部分应特别避免。工作中接触到不少开题报告，在对策建议中罗列了非常详细的内容，诸如加强领导、提高认识、完善机制、强化宣传、提高效率、强化政策建设与有效监管，等等，这些放之四海皆准的对策缺乏针对性和可操作性。通过文献阅读获取的各类观点可以在文献综述中体现，并为论文研究中的观点提炼提供积极的借鉴，但不能直接套用，论文形成的所有观点都要基于研究数据与素材。其实在论文撰写过程中，往往都要根据研究进展与阶段性结果，不断优化调整论文提纲。

3.2.3 研究方法的构思逻辑

研究方法是深入开展论文研究的手段与工具，方法的选取对于论文研究推进至关重要。研究方法包括数据收集方法、数据分析方法，其中数据收集方法是指研究所需资料的获取手段，与自然科学的实验不一样，社会科学往往借助于社会调查来获取数据，包括问卷调查、小型座谈会、访谈、典型案例等；而数据分析方法则是对所收集数据的分析手段与工具。

社会科学的研究方法众多，不同的分类思路有不同的方法，如有人分为观察研究和实验研究两种，其中观察研究又分为调查研究、文献研究、实地研究；也有人分为规范研究、经验研究；还有人分为定性研究和定量研究。学术界比较常用的社会科学研究方法，主要有文献研究法、比较研究法、实地研究法、访问研究法、调查研究法和实验研究法等6种方法。

文献研究法，是指利用文献资料考查历史事件和社会现象的研究方式，包括历史文献的考据、社会历史发展过程的比较、资料的整理与分析、理论文献的阐释以及对文字资料中的信息内容进行数量化分析等，往往是统计分析和理论分析相结合，包括逻辑分析、历史分析、比较分析、系统分析等。

比较研究法又称对比分析法，是指对两个或两个以上的事物或对象加以对比，以找出它们之间的相似性或者差异性的一种分析方法。比较研究法的使用需要遵循可比性原则、横向比较与纵向比较相结合的原则、相同性比较与相异性比较相结合的原则。比较研究法可分为类型比较法和历史比较法。类型比较法是指对各种不同种类的事物进行比较的方法，而历史比较法是指按照时间顺序解释同一社会内部或者不同社会中的社会现象或者事物的相似性和差异性的一种研究方法，这是一种纵向比较法，它要求把发展问题置于整个人类社会发展的历史之中加以考察，把时间维度作为一个基本变量，注重对一个社会不同时期或同一时期的不同社会形态的比较研究，强调的是社会结构和过程的本质属性，具体性和个别性。

实地研究法是指不带有理论假设而直接深入社会生活中，采用观察、提问等方法收集基本信息或原始资料，然后依靠研究者本人的理解和抽象的概括从第一手资料中获得一般性结论的方法。实地研究法需要依靠研究者本人对现象本质和行动意义的"深层描述"，最适用于对少数具有代表性的、独特的个案和社会事件进行详细、深入地考查，特别是那些只在现场——自然情境中才能更好解释的群体事件、态度和行为。实地研究法中最基本的方法是观察法，研究者置身于研究对象之中，实地看到了社会过程的来龙去脉，感受当时当地的特殊环境和气氛，具有直接性和真实性的特点。

访问研究法又称访谈法，就是访问者通过口头交谈等方式向被访问者了解社会事实情况的方法。访问的过程实际是访问者与被访问者面对面互动的过程，这个过程决定了这一方法的主要特点就是互动性和灵活性。访问研究法可分为结构式访问与无结构式访问、个体访问与集体访问。结构式访问也称标准化访问，就是按照统一设计的，有一定结构的问卷进行的访问。而无结构式访问，也称非标准化访问，就是按照一个粗线条的访问提纲所进行的访问。个体访问是一对一的访问，即由访问者向访问对象个别提问以收集资料的一种方法，集体访问与之相反，针对的访问对象是比较多的，是通过集体座谈的方式了解社会情况或者社会问题的研究方法。

调查研究法即通常所说的调查研究，指的是一种采用自填问卷或者访谈调查等方法，通过对被调查者的观点、态度和行为等方面系统地收集信息与进行分析，来认识社会现象及其规律的社会科学研究方式。调查研究法一般会经历确定课题、研究设计、调查实施、资料分析和总结5个阶段。调查研究法收集资料的最主要的方法是问卷法，也就是说，在使用该方法的时候，最重要的是问卷的设计。问卷的设计需要遵循以下几条基本准则：①以调查的研究课题的研究假设为指导；②坚持调查目的和内容的统一；③必须明确阻碍被调查者合作的各种因素。

实验研究法也称实验调查法，是实验者有目的、有意识地通过改变某些社会环境的实践活动来认识实验对象的本质及其发展规律的方法。它同时是一种旨在揭示自变量与因变量之间因果关系的方法。实验研究法中包括3对基本要素，即自变量与因变量、实验组与控制组、事前测验与事后测验。自变量是试验中的刺激因素，通常它是具有两种属性的二分变量，而因变量是由自变量引起的变量。为了验证因变量的变化确实是由自变量引起的，要将实验对象分为两组，其中一组给予实验刺激，另外一组不给予实验刺激。前者称为实验组，而后者称为控制组。按照实验的逻辑，要确定两个变量之间的因果关系，需要对研究对象的因变量进行测量，然后导入自变量，之后再对因变量进行测量，因变量在前后两次测量中的区别被归因于自变量的影响，由此对因果关系作出阐释。前者对因变量的测量称为"事前测量"，后者称为"事后测量"。

研究方法要与研究内容中的具体问题对应。研究方法与研究的问题是直接对应的，如果没有对问题的认真分析，很难找准相应的研究方法。虽然许多研究方法有着比较广泛的适应性，但是问题不同，解决问题的角度、路线、方式就不同，研究方法不仅要与论文所要解决的主要问题对应，更重要的是要与研究内容中的具体问题基本对应，这并不意味着每个问题对应一种方法，也不是一种方法对应一个问题，而是每个问题都需有相应的方法。所以，正确的做法是首先对研究内容所涉及的问题加以归类，然后根据各类问题设计找到精准的适合研究方法。

研究方法的选取应强调方法的适用性和可行性。研究方法的选取关键在于有利于分析问题和解决问题，不同问题的剖析思路决定了所需要的研究方法。因此，问题解决的突破口、解决问题的视角和路径，以及解决问题所需要的条件在一定程度上就决定相应的方法要求，这就是方法的适用性和可行性。以耕地"非粮化"整治中不同主体协同意愿研究为例，如果研究对主体协同意愿只采取"愿意""不愿意"来衡量，那么对意愿影响因素的定量分析，就只能采取二分变量的模型，如二元 Logistic 回归模型，若研究对主体协同意愿采取"很愿意""愿意""无所谓""不愿意""很不愿意"等不同程度进行衡量，那么对意愿影响因素的定量分析，就可采取五分有序变量的模型，如有序多分类 Logistic 回归模型。若计划深入研究主体"认知—意愿—行为"转化过程中的各关键路径，则可以考虑结构方程模型（Structural Equation Modeling，SEM），但需要进行充分的理论分析，并构建理论框架，收集大量的数据，并绘制出初始的结构方程模型图，然后通过修改，最终形成结构方程修正模型。

不能把"研究方法的列举"当成"研究方法的运用"。这是开题报告中最常见的一个错误。由于前期对研究问题的分解不够清晰，研究内容也不够具体，不少同学就罗列一大串研究方法，但每种研究方法如何运用，或每项研究内容运用哪种方法并不清楚，这样的"研究方法的列举"的实际意义不大。

3.2.4 技术路线图的制作

清晰的研究思路是制作好技术路线图的前提，而技术路线图制作也是研究思路的进一步清晰与细化。

技术路线图的制作是研究思路与艺术的结合，一方面，要把论文整体研究思路与安排做到心中有数；另一方面，要通过艺术的手段表达出来。每个人的逻辑思维习惯不同，技术路线的表达也有所不同，形成的技术路线图也就具有不同的风格与特色。

一张好的技术路线图，内容表达的逻辑思路清晰，研究开展的工作内容与先后顺序明晰，且简洁明了、美观，让人一看就懂。

案例 3-1、案例 3-2 是在指导学生开题报告中形成的两张技术路线图的案例分析。

案例 3-1　技术路线图制作案例（一）

一、案例介绍

本技术路线图（图 3-1）来源于 2019 级研究生颜玉琦同学的学位论文《农户环境友好型技术的采纳意愿与行为响应研究——以测土配方施肥技术为例》的开题报告。

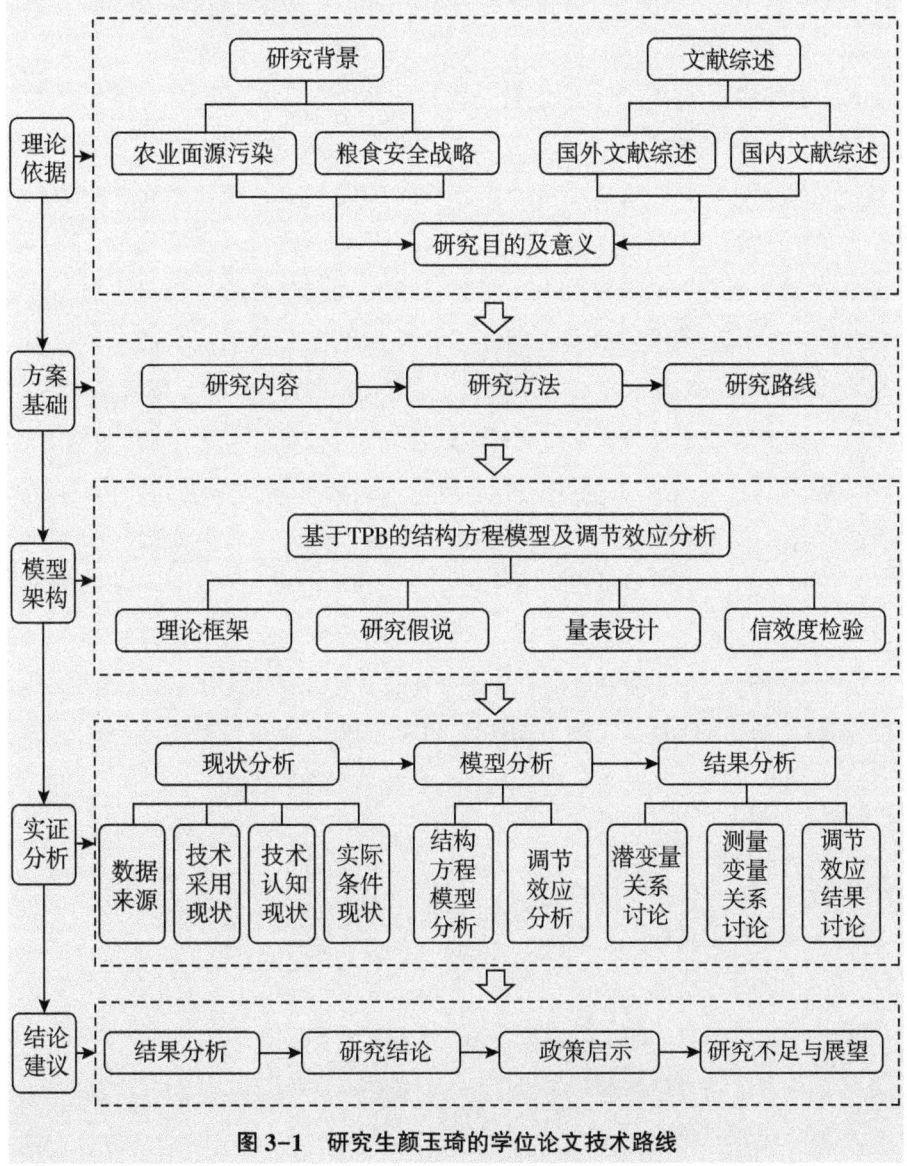

图 3-1　研究生颜玉琦的学位论文技术路线

研究内容包括：

（1）农户对测土配方施肥技术推广响应特征的理论分析。

（2）基于TPB的农户测土配方施肥技术采纳行为的概念模型及其SEM实现。

（3）农户测土配方施肥技术采纳现状分析。

（4）农户测土配方施肥技术采纳意愿与行为响应的实证分析。

二、案例分析

该技术路线图按"理论依据—方案基础—模型架构—实证分析—结论建议"的逻辑主线串联整个论文研究框架，是一个典型的"理论+实证"的社会科学研究逻辑思维。在"理论依据"中，从研究背景和文献两方面入手分析，其中以研究背景中农业面源污染这一现实问题，结合国家粮食安全战略需求，引申出农户采纳环境友好型技术的必要性，进而提出以测土配方施肥技术为例，开展农户环境友好型技术的采纳意愿与行为响应研究的目的与意义。同时，根据文献进一步确定由研究内容、研究方法、研究路线三部分组成的"方案基础"；在"模型架构"中，明确了基于TPB的结构方程模型的方法应用，并从理论框架、研究假说、量表设计、信效度检验4个方面开展理论分析；在"实证分析"中，明确了现状分析、模型分析、结果分析3个方面的研究内容，并相应明晰了具体内容；而在"结论建议"中，遵循学位论文的基本规范，从结果分析、研究结论、政策启示、研究不足与展望4个方面进行撰写。整个技术路线图较为清晰地勾画了研究者研究的每一阶段拟开展的工作内容，但不足之处是，对于农户及其测土配方施肥技术的采纳应用反映不够。

案例3-2 技术路线图制作案例（二）

一、案例介绍

本技术路线图（图3-2）来源于2016级研究生姚冬莲同学的学位论文《土地整治项目绩效评价及配套制度完善研究——以大余县新城镇项目为例》的开题报告。

研究内容包括：

（1）土地整治配套制度的建设情况及面临的问题。

（2）土地整治配套制度创新的经验总结。

（3）土地整治配套制度创新的影响因素分析。

（4）土地整治配套制度创新的对策建议。

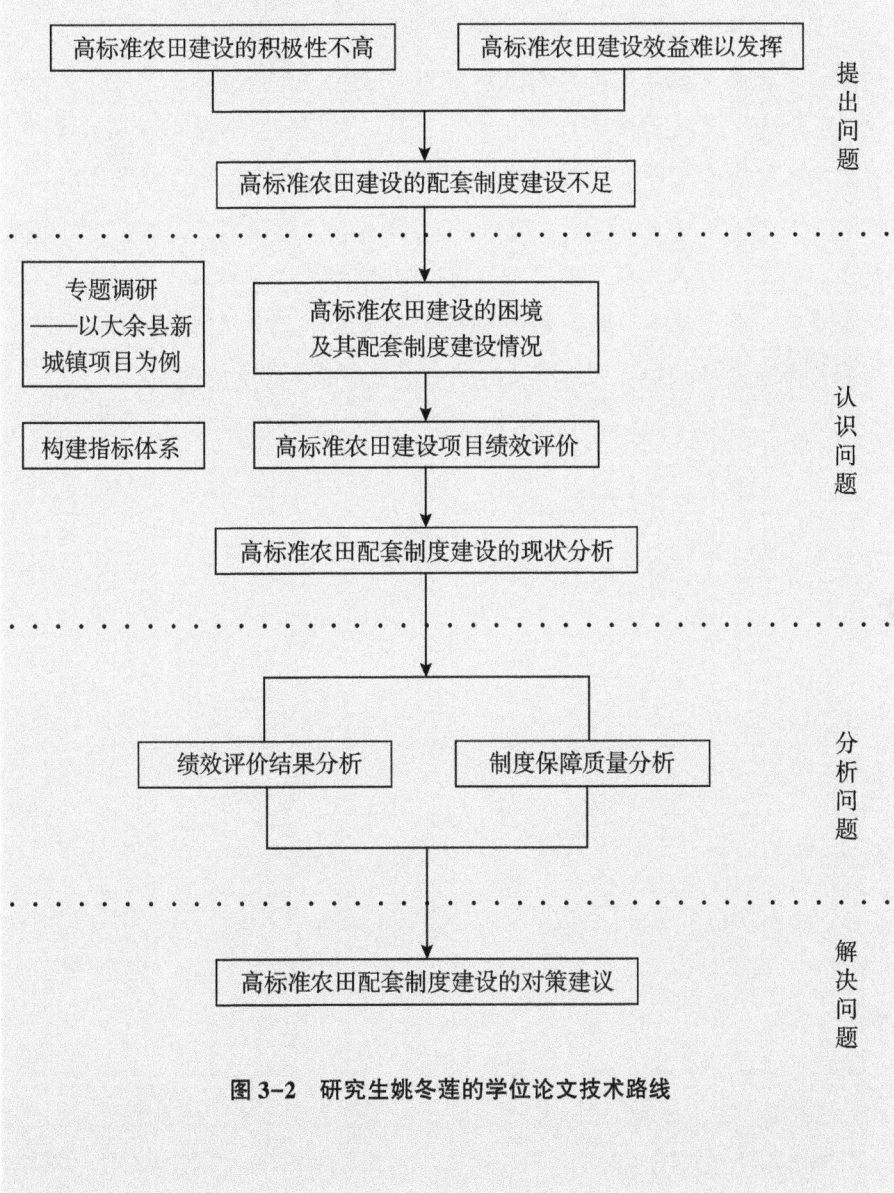

图 3-2 研究生姚冬莲的学位论文技术路线

二、案例分析

该技术路线图是典型按"提出问题—认识问题—分析问题—解决问题"的逻辑构建论文研究框架。从"高标准农田建设的积极性不高""高标准农田建设效益难以发挥"两个现实困惑,提出"高标准农田建设的配套制度建设不足"的问题,进而明确开展"土地整治项目绩效评价及配套制度完善研究"的必要性、研究目的与意义;在"认识问题"中,明确以大余县新城镇项目为例,通过专题调研,对高标准农田建设的困境及其配套制度建设情况进行分析,同时,构建指标体系对高标准农田建设项目绩效进行评价,并突出对高标准农田配套制度建设的现状分析;在"分析问题"中,明确从"绩效评价结果""制度保障质量"两方面开展;而在"解决问题"中,提出了相应的高标准农田配套制度建设的对策建议。整个技术路线图较为清晰地勾画了研究者从提出问题到解决问题的逻辑思路,但不足之处是,对于研究方法体现不够充分。

第4章 社会调研

没有调查就没有发言权,只有通过社会调查与研究,才能掌握社会的真实情况,才能真正认识问题和分析问题。社会调研是MPA研究生的基本技能,因为社会调研能力不仅影响着选题的新颖性和时效性,更是开展学位论文研究的一个根本方法,一篇优秀的学位论文必定有深入扎实的社会调研作支撑。

针对MPA主要为非全日制学生,他们基本上是单位的业务骨干,尽管具有强烈的学习欲望,但受工作影响,工学矛盾突出。江西农业大学多年来一直推行"案例发掘牵引—实践教学注入—论文素材收集"的"三融合"培养模式:通过"公共管理案例调研与案例撰写竞赛",把社会实践教学、实践工作调研、论文素材收集融合成一个有机整体,以案例发掘锻炼学生的调研能力,以案例撰写完成社会实践教学的2个学分,并为学位论文撰写积累素材,环环相扣,将实际工作能力提升与学位论文撰写无缝对接,在实现工学互促的同时,保证了学位论文质量,丰富了老师的教研成果,推动了案例教学的普及。

4.1 社会调研的准备工作

4.1.1 广泛查阅背景资料并做好预调查

在正式开展调研之前,必须围绕调研主题进行广泛的背景资料查阅。调研前期的资料查阅与文献综述有相似之处,但目标的聚焦点不同。调研前期的资料查阅更加聚焦于研究主题的前因后果、历史渊源、社会关注,同时要与拟研究的科学问题密切关联。特别是要掌握有哪些相关利益主体,以及每一类主体的关切点或利益祈求,进而为问卷设计、访谈提纲的撰写奠定基础。

通过前期的背景资料查阅，进一步确定调研目的、具体的调研内容，罗列调研中需要掌握的资料清单，并针对每一项资料明确收集的方法、出处，特别是要清楚资料的基本要求及其在研究中的应用，进而为判别资料的真实性和可用性提供依据。

社会调查和自然科学的实验不同，一旦正式的调研开始，大量的问卷发出，就不可能再随意修改或补充，即使出现错误或缺陷也难以弥补。因此，为了确保调研的成功，问卷调查一般需要进行预调查。所谓预调查，就是选定一个区域进行小样本的调查，通过预调查，可以发现问卷中存在的问题和缺陷，并验证调查方案的可行性，进而对调研方案进行修改完善，使调研更加科学和可行。尤其是问卷调查，预调查尤为关键，它有助于优化问卷的问题设计、问题安排，甚至于让调查者思考问题的提出方式。总之，预调查能使问卷更加被调查者接受。

预调查的区域选取，要具有明显代表性。是否具有代表性，取决于调研主题及其调研对象的特征。比如要研究村民对农村宅基地制度改革的满意度，进行预调查的区域，就必须选择已经开展了农村宅基地制度改革且已基本见成效的地方，同时具有一般农村特征的区域。

如果涉及大规模的调研，需要分组同时进行，则必须做好调研的培训工作。通过调研培训，要让所有的调研人员，在调研目标、任务、内容、要求等方面形成统一的认识，各组在调研实施过程中，必须统一口径，特别是对相应问题的解释，必须在同一的内涵界定内，让被调查者在相同的认知下进行回答。

4.1.2　制定切实可行的调研方案

调研方案一般包括调研背景与目的、调研内容、调研方法、调研人员与时间安排、调研费用预算等内容。其中调研背景与目的主要说明为什么开展本次调研，不仅自己要知道，也要让被调查对象清楚；调研内容则是要罗列具体需要了解的内容，越详细越好，既能让调查者明白自己的具体调研工作，也可让被调查者提前做好充分的准备。

调研方法是调研方案最重要的部分。调研方法常有座谈会、问卷调查、深度访谈、典型案例剖析等方法，每种调研方法所适用的环境不同，相应获取的信息资料也不同。

(1) 座谈会

座谈会就是把相关人员召集在一起,畅所欲言,广泛收集大家的观点,这种方法调研工作效率高,能在很短的时间内了解众多的信息,但缺点是参会者之间会受到影响,且表达意见有所顾虑,不能完全真实地发表意见,特别是涉及敏感问题,难以听到真实的想法。要开好座谈会,必须事先制定详细的座谈提纲,并让参会者能做好充分的准备,同时参会人员必须全面,兼顾方方面面的利益相关主体。

座谈提纲的准备是开好座谈会的基础,座谈提纲应事先拟好并发放给相关人员,让参与人员能有针对性地做好准备。座谈提纲应充分反映拟调研的主题与关键内容,并针对不同利益关联主体设定不同的问题,问题的设定不宜过细或给予过多的限制,要让座谈人员在明确座谈主题内容的基础上有足够展开的空间。实践证明,很多信息是通过座谈会获取的,粗线条的座谈提纲能够让座谈人员发挥自我想象,充分表达自己的观点。

座谈会主持者的能力也是开好座谈会的重要因素。主持者必须善于提出问题引起大家的兴趣并热烈讨论,尽管可以按事先准备的调查提纲提出问题,但更需要根据座谈人员的发言临时发现问题、提出问题,从而引导大家讨论。这就需要主持者具有相应的临场发挥和综合归纳能力。临时归纳提出问题要切中要害,策应调研主题,并能让座谈人员产生共鸣,开展热烈的讨论、发表各自的看法。如果提出的问题没切中要点,甚至提出一些外行的问题,与会者就会兴趣索然而无话可说或干脆敷衍了事。当然,把控局面是主持者的基本要求,要适时引导座谈人员的发言不偏离主题,并能顺着调研内容充分展开。

(2) 问卷调查

问卷调查就是将所要了解的内容通过问卷的形式发放,让被调查者各自完成问卷进而获取不同调查对象的信息。这种方法相对简便易行,且能在较短的时间内按统一的要求收集众多个体的信息,进而为定量分析模型的运用提供数据。

做好问卷调查,必须充分考虑被调查者的感受来设计调查问卷,确保被调查者认真真实填写。调查问卷一般应控制在 20 分钟内能够完成,且印制在一张纸上，确保同一个调研对象的内容不会出现错位。在问题安排的先后顺序上，要把简单问题、兴趣问题、被调查者熟悉问题和客观问题置前，开放式问题置后，对于诸如人口数、年龄、受教育程度、工作年限等客观题尽量采取填空方式，提问要简洁明了、避免双重或多重含义，不能带有倾向性。当然，要坚持被调查者自愿参与，不能伤害参与者，做到匿名与保密，若能采用适当的激励则可提高被调查者的积极性。

从问卷中问题的设计形式看，常用填空式、二项选择式、多项单选式、多项多选式、多项排序式、矩阵等，不同形式的特征有很大区别，应根据研究主题选取。填空式，让被调查者自行填写，主要用于客观问题，如性别、年龄、受教育程度、家庭人口，而主观题由于不同被调查者的理解不同可能会出现不同内涵的回答，这样的调研数据很难利用；二项选择式，多用于"是否""可否""能否"之类的非此即彼二分变量；多项单选式，这是最常见的问题设计形式，被调查者在多个答案中选取一个最适合的，要求答案的设计具有穷尽性和互斥性，即被调查者拟选取的最佳答案均在答案中，且每个答案之间有明显的区别；多项多选式，被调查者可在多个答案中选取多个答案，这种问题设计虽然可以获取较多的信息，但数据运用不够方便；多项排序式、矩阵等形式，则要求被调查者对问题给予一定的思考，对文化水平有相应要求，一般要慎用，但能够很好地反映被调查者的意愿、愿望、认知的程度。

从问卷中问题的类型看，可分为开放式和限选式。开放式问题，可以充分了解被调查者的信息，有利于扩展研究思路、开阔视野，但所获取的信息往往是发散的，在数据分析运用中较为困难。限选式，就是明确可供被调查者选取的答案，要求设计答案前进行充分的准备，体现穷尽性和互斥性。问卷中问题或答案，都应内涵明晰，表达精准，简洁明了，不能模棱两可或有多重含义，让人揣摩不定。

（3）深度访谈

深度访谈就是与特定调研对象进行深入系统的交谈以获取深层次的信息。这种调研方法，所获得的信息准确性高，有助于厘清问题的前因后果，事情的来龙去脉，但工作量大，耗时长，成本高，不易大规模开展。深度访谈之前要制定详细的访谈内容与脉络，顺着访谈的提纲逐步展开，也要有不同的预案，对不同的回答要有相应的访谈对应办法。

深度访谈对象的选择是调研成败的关键。访谈对象一定要对研究主题熟悉，且必须是事件的经历者，清楚事件的整个发展过程。当然，为了从不同角度深入掌握事件情况，往往要选取多个主体进行访谈，最好与每个主体进行单独访谈，以免相互影响。

(4) 典型案例剖析

典型案例剖析就是选择典型的案例进行系统的剖析，对事件的内在机制进行分析，找出事物发展的规律。典型案例剖析就是运用"解剖麻雀"方式，由个别到一般、由特殊到普遍、由个性到共性地认识事物的本质。

选准典型案例开展典型案例剖析的前提，需要事先对各类各种案例进行初步分析，根据调研主题明确案例的代表性衡量要求。典型案例剖析不在于案例的多少，而在于案例选取是否具有代表性，对案例的剖析是否深入透彻，能否把关键信息与主要规律归纳好。

4.2 社会调研的技巧

4.2.1 充分考虑所有利益相关者并聚焦主题

被调查者的积极主动配合，是保障高质量社会调研的基础。而被调查者是否主动配合，与调研过程中的每个细节密切相关。

由于调研主题往往涉及诸多利益相关者，在调研中必须换位思考，充分考虑不同利益相关者的关切。在问卷设计中，要针对不同利益主体设计他们愿意回答且乐意回答的问题，特别是涉及选择题的答案时，应设计能明确作出清晰回答的答案。在座谈会中，则应设计不同利益主体感兴趣且愿意谈论的话题。比如在盘活闲置宅基地和闲置农房（简称"两闲"盘活）的调研中，利益相关者包括农村集体经济组织、闲置农房的主人、社会资本主体、乡镇政府等多个主体，其中农村集体经济组织作为宅基地的所有者，需要在"两闲"盘活中体现实现其收益权的同时，也要履行相应的管理义务；闲置农房因其房屋可能是超占面积的"一户多宅"，也可能是符合政策的"一户一宅"，其主人在"两闲"盘活中的权益体现有明显区别，若是超占面积的"一户多宅"，可以在有偿使用的基础上获得收益，也可以把宅基地交回集体而以作为私有财产的房屋参与利益分配，若是"一户多宅",则应以宅基地和房屋一起参与利益分配;社会资本主体作为"两闲"盘活的投资主体,其祈求是投资有个稳定的预期,特别是希望有相应政策提供保障;乡镇政府作为宅基地管理的行政主体,则应为"两闲"盘活制定完整的配套政策。

调研一定要结合研究主题展开,特别是要紧紧围绕着研究假设和研究变量来设计调查问卷和拟定调研提纲,以满足研究的需要。应当明确在调研中哪些必须要问,且要得到明确的答案。在座谈会和深度访谈中,主持人或访谈调研者要事先熟悉调研主题与目的、访谈提纲,对座谈会的讨论内容必须适时引导,防止座谈"跑题",访谈中要紧扣访谈提纲,即使访谈对象难以按提纲交流,也要随时引导确保访谈不偏离研究主题。

要善于在调研中发现新问题、新观点。在座谈会或访谈中,当事者的发言中隐含着丰富的信息,"不识庐山真面目,只缘身在此山中",在当事者习以为常的认知中,往往意味着某种规律的存在,如在"两闲"盘活中的利益分配,多主体常常按当地习俗进行分配,实现"共赢",但其中存在一定依据和规律可循,调研中要善于上升到理论高度,对"两闲"盘活中宅基地资产价值显化的分配机制进行剖析,归纳出社会认可的分配原则。

4.2.2 调动调查对象的参与积极性

社会调研能否取得成功,与被调查对象的积极配合是密不可分的,只有被调查对象能够表达自己的真实想法,才能实现调研的目标。为了调动被调查者的参与积极性,在问卷设计或在座谈会的主持中,尽量要换位思考,从被调查者的角度来设计问题和提问。而深入分析可能阻碍被调查者合作的影响因素,有助于调动被调查者的参与积极性,阻碍因素可以从主观因素和客观因素两个方面进行分析。

主观因素是指阻碍被调查者回答问题的各种心理和思想障碍。例如,当问卷内容太多时,需要被调查者较长时间去思考、计算或者分析,那么被调查者很可能产生畏难情绪,甚至抵触心态,结果往往是敷衍了之,难以获得真正的信息;又如,当问卷内容过于敏感,涉及个人隐私利益时,被调查者更容易产生各种顾虑,而不愿作出真正的回答。另外,如果问卷内容严重脱离被调查者的生活实际,或者问卷设计僵硬、呆板、杂乱时,难以引起被调查者的兴趣,也就无法积极配合完成问卷。

客观因素是指被调查者受自身能力条件的限制所形成的障碍。这在填空式问题或主观开放题中表现尤为明显，问卷的设计不能对被调查者提出过高的要求。因此，在问卷设计时，必须充分考虑所涉各类群体的能力，对每类群体要有全面清楚的认识，了解被调查者的职业、文化程度等，进而有针对性地调整问卷的设计。比如对文化程度较低的群体进行调查时，问卷的语言应尽可能口语化，简单明了，问题的数量也不宜过多；相反，对文化程度较高的群体进行调查时，问卷的语言则可以相对书面化、复杂一些，问题的数量也可以相应增加，问题探讨的程度也可以深入一些。总之，只有设身处地地为被调查者着想，才能获得被调查者的积极配合，保证调查的质量。

适当的物质激励有利于提升调查对象的配合度。调研需要占用调查对象一定的时间，若能给予一定的误工补贴最好，但往往调研资金难以保障相应的误工补贴。可以考虑赠送一些日常用品作为物质激励，以提升调查对象的配合度。

4.3 案例撰写

案例是指对现实生活中某个富有深刻道理事件的真实记录和客观的叙述，包含一个或多个疑难问题，同时也可能包含解决这些问题的方法，应能引发人们深思。

真实、客观是案例的本质，但不一定要完全按时间先后顺序、记流水账式的叙述，可适当进行加工。案例一般要按起、承、转、合的顺序撰写，起：事件的开始，时间、地点、起因，介绍相关人物；承：推出事件，引出争议、问题或热点；转：事件的复杂所在，罗列各种困惑、决策的困难；合：事件的最终决策、效果及引发争议或启示。在案例撰写中，要突出以下基本要素，即主体人物、时间、地点，事件的发生背景、原因、过程、矛盾或问题的表现、处理问题的措施、结果、各方的反应，以及留下的思考或启示。

江西农业大学在 MPA 教学中，以"公共管理案例调研与案例撰写竞赛"作为社会实践教学内容，旨在引导学生立足于本职实际工作，锻炼发现问题、分析问题和解决问题的综合能力，并为论文撰写积累素材，最大限度地保障了学位论文选题来源于工作实践,促进了工学互助。

案例4-1是针对农村宅基地改革这一社会热点,就江西余江区的滩头村开展"宅改"形成的一个案例。

案例4-1 探寻改革内生动力之源
——江西余江滩头村"宅改"成功密码的解析

一、案例介绍

引　言

2015—2019年,我国在33个县(市、区)开展了第一轮宅基地制度改革试点,改革成果为《中华人民共和国土地管理法》的修改提供了直接依据。为了进一步掌握宅基地制度的深层次矛盾与问题,2020年国家在104个县(市、区)和3个地级市启动了新一轮深化宅基地制度改革试点。由于宅基地和住房是农民最重要的财产,也是农民安身立命之本,"宅改"事关2亿多户、近6亿名农民的利益,宅基地制度改革又面临着融"公权""私权"于一体的复杂产权关系,以及宅基地的供需现实矛盾日益尖锐、历史遗留问题与现实矛盾交织叠加等现实问题,因此,农村宅基地制度改革被称作农村土地制度改革中难啃的"硬骨头"。

江西省余江区(当时为余江县)被列为第一轮宅基地制度改革试点,2020年又被选为新一轮深化宅基地制度改革试点,余江"宅改"取得了明显的成效,形成的余江"宅改经验"成为一个向全省推广学习的模式,有诸多成功"宅改"案例值得解剖,其中滩头村具有很典型的代表性。为此,本课题组对余江滩头村"宅改"进行深入调研,以期通过滩头村"宅改"解析,探寻农村土地制度改革的内生动力之源。

1 "化茧成蝶"的华丽蜕变

1.1 "宅改"后的滩头

2020年春节,一群在上海打工的年轻人回到滩头过年,一片惊喜、激动和感叹,"现在回家都找不到家了,家里变化实在是太大了,做梦都想不到家里能变得这么漂亮!"确实,就连长期居住在滩头村的村民自己都不敢相信,滩头能发生如此惊人的变化。

滩头自然村位于余江区中部春涛镇，距城区17公里。滩头村是一个具有1 100多年历史的老村，同一祖先衍生出了十八房族，是余江区吴姓最大的自然村，现有7个村小组，435户，1 639人，现有耕地700亩（1亩约合667平方米）、林地1 000亩，人均水田约4分（1分约合66.7平方米），无村集体收入，是典型的"空壳村"。

2019年年底完成"宅改"后的滩头村，以"脱胎换骨"的面貌展现在人们面前。当地群众总结为"宅改"收获了"五个起来"，即支部强起来了、民风社风好起来了、村容村貌靓起来了、集体经济和农民收入富起来了、干群关系密起来了（图4-1）。

图4-1 "宅改"后新建的村民活动广场

一是良好的人居环境。 通过"宅改"，共退出房屋113宗，附属房、猪牛栏276间，院落117处，共计退出36 130平方米，腾出了村庄内近一半的宅基地，加固改造房屋30栋，硬化道路11.9公里，改沟4.5公里，铺设雨污管网11.8公里，改厕442户，新建了新时代文明实践广场、互助养老中心（图4-2）、留守儿童之家、旅游公厕、污水处理中心、游步道。每家每户严格落实门前"三包"，保持房前屋后、庭院的干净整洁，定期开展的"清洁家庭""美丽庭院""五星五美"评比活动,调动了村民维护美丽家园的积极性,避免了集中整治环境、突击提升面貌的运动式行动,村庄随时随地保持干净整洁。

图 4-2 盘活闲置宅基地建成的互助养老中心

二是密切的干群关系。通过对党员实行"三亮"(亮身份、亮形象、亮承诺)考核办法,激发了党员的先锋模范意识,每一位党员都在对群众的热情服务中找到获得感,形成了滩头村热情服务、敢于担当的特色党建文化,增强了党员干部为群众服务的意识与能力。建立了民事村办45条任务清单,党员干部把服务送到村民家门口,实现村民办事不出村,重新建立起群众对党员干部的信任,密切了干群关系。

三是和睦的邻里氛围。村头村尾处处洋溢着"邻帮邻、亲帮亲""人人有责、人人奉献"的文明新风。针对"一老一小"的突出问题,通过"三个一点"(政府补一点、村民出一点、乡贤捐一点)建立的村级互助养老中心和留守儿童之家,惠及70岁以上老人20余名和留守儿童30余名,为老人提供三餐有热饭、精神有慰藉、生活有娱乐等一体化服务,实现了老有所养和幼有所育,切实解决了外出务工村民的后顾之忧,稳定了在外务工经商人员的心。村里还成立文明评判团,由村干部代表、理事会代表、党员代表、巾帼志愿者代表、村民代表5位代表组成,每月底逐家上户,根据村规民约相关内容对在家的农户进行综合打分,设置红黑榜,并在广场张榜公示,每季度兑换生活用品,正向激励村民,引导村民向好向善。

1.2 "宅改"前的滩头

"宅改"之前的滩头,以"脏、乱、差"而著称,是远近闻名的"刺头村""后进村",也是多年以来的信访大村。2019年年初村干部做过一次统计,村内有59个单身汉,前几年好不容易有个隔壁乡镇的女孩愿意嫁到滩头来,女方家里走到滩头的路上就堵了一个小时,好不容易走到村庄,发现脚根本下不了地。女方家里人转头就走,男方母亲问原因,女方父亲就说,你们这里的路是给牛过的,不是人过的。

一是生活环境恶劣。上千年的村庄却难得看到上百年的老房,村庄四周被农田围绕,在国家严格保护耕地的政策下,居民点难以向外扩张,只能是在原宅基地上拆了再建、建了再拆。由于宅基地管理的无序,造成"房挤房、墙挨墙,有的房屋还缺个角",村庄被危旧房、猪牛栏、露天厕包围。村内没有一条水泥路,没有一个三格式化粪池,汽车进不了村、摩托车要挑路走,村民建房只能用独轮车推材料进村,出现了出殡要用楼梯拖棺材,房屋开不了正大门,三角形、五角形奇形怪状房屋等"奇葩"现象。村内环境污水横流、臭气熏天,基础设施极度落后,基本是"垃圾靠风刮、污水靠蒸发"(图4-3)。

二是村内纠纷不断。村内十八房族之间矛盾重重,村民因宅基地导致的邻里吵架、矛盾纠纷是家常便饭。由于村庄管理失序,歪风邪气盛行,长期以来,滩头村与周边大小村庄发生纠纷械斗不计其数,村庄内十八房族关系错综复杂、矛盾重重。村庄十八房族,在政府从严管理划龙舟的情况下,2018年端午节划龙舟与河对岸的村庄发生群体械斗事件,造成了极其恶劣的社会影响。而本是堂兄弟的吴标有和吴江有,吴江有家新建的楼房多占了0.3平方米的宅基地,吴标有要求他拆除,由于楼房已经建好,只能局部切割,吴江有便把房子的一角从楼顶向下切除,好好的房子成了缺角房，为此，两家一直因为宅基地闹纠纷，打架争吵时常发生。

图 4-3　"宅改"前的村内路

三是干群关系紧张。 村党支部被列为软弱涣散村级党组织，既没凝聚力，也没战斗力，毫无威信可言，下乡干部停在村边的车子时常被村民轧胎，甚至出现因劝导村民不要在桥洞下面搭建铁皮棚居住，而被村民跑到村委会拍桌子指责，为此，滩头村先后两任党支部书记被免职。村民担心自身利益受损，各项工作无法在本村开展。在狠抓计划生育工作期间，曾发生了春涛两任乡长进村做工作，都被村民强行"关押"在祠堂的恶性事件。

"宅改"前后的滩头村对比见图 4-4 和图 4-5。

2　两次"宅改"两次失败

2015 年 9 月，余江被列为全国 15 个宅基地制度改革试点县之一，在第一批酝酿的试点村中，就包括了滩头，但无论是村干部还是群众，都无动于衷,对"宅改"明显抵触,一些村民明确表示:"这些是我祖宗好不容易留下来的祖宅,怎么可能让集体收回去,自己的东西就是要占在这里",工作根本无法开展,随着一次群众大会的结束,第一次的滩头"宅改"就这样无声无息的失败了。

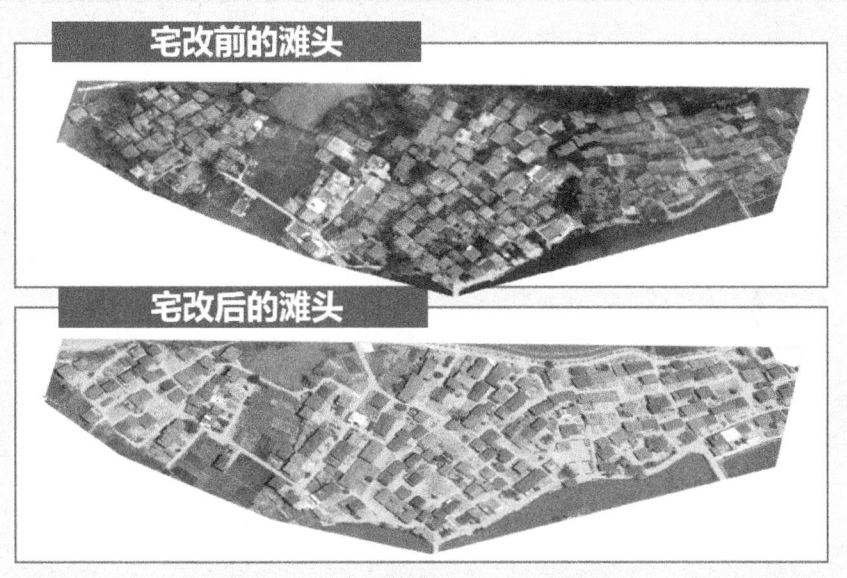

图4-4 "宅改"前后对比(航拍照片)

图4-5 "宅改"前后对比(局部)

2017年，经过一年的"宅改"探索，余江已基本形成了一定的改革经验，提出的"一改促'六化'"（即以"宅改"为抓手，促进农业发展现代化、基础设施标准化、公共服务均等化、村庄面貌靓丽化、转移人口市民化和农村治理规范化）的"宅改"做法也取得了明显成效，特别是同镇的高坊黄家村通过"宅改"，把退出的5 619平方米宅基地用于基础设施建设，形成了"八横五纵"的村庄格局，大大改善了村庄的人居环境，村民的改革获得感满满。

"谁不想改善生活环境？"一直生活在村里的村民A告诉我们，"村民很羡慕周边'宅改'带来的变化，但当初党群关系不好，群众对村党支部缺乏基本的信任，村干部也毫无威信可言，村民会直接与村干部拍桌子对骂，几乎没人相信滩头能推进'宅改'。"

看到周边村庄有目共睹的"宅改"成效，示范效应也在逐渐形成，春涛镇政府认为再次启动滩头"宅改"时机成熟了，把滩头村列入"宅改"村。2017年2月，参照兄弟村的做法，滩头村成立了由十八房族头首组成的村民理事会。为了表示"宅改"的决心，村干部带头拆除了一栋200平方米左右无人居住闲置的老房子。然而由于缺乏统筹，也没有形成大家认可的改革方案，群众只是看热闹，结果这个村干部成为大家嘲笑的对象，风凉话四起，家里人也不理解，他这个带头使自己成为里外都不是的笑柄。当时，有很多村民认为，"宅改"是"政府要我改"的，这种"要我改"的改革往往只是一时的，坚持不了多久，村干部也是为了自己的业绩，他们不会真正为全村村民的福利考虑。由于缺乏互信的干群关系，群众根本不信任干部，担心自身利益受损，又没有看到"宅改"的目标蓝图，村民对"宅改"的抵制心态很强，第二次"宅改"再次以失败告终。

2015年和2017年两次启动"宅改"两次失败，让滩头村成为余江"宅改"的痛点和难点，是影响余江"宅改"工作的负面典型，很多同志认为滩头村不适合搞"宅改"，甚至曾一度有放弃滩头开展"宅改"的念头，并提出了相应的解决方案，有人提出将滩头村进行整村搬迁，统一全部在集镇安置，也有人提出政府资助在村里建高楼，让老百姓住上公寓楼,从而解决现实中的村民建房需求矛盾。

3 立下"攻坚克难"的军令状

3.1 "改革不成功,决不收兵"

2019年3月9日,春涛镇领导召开班子会议,对各班子领导的工作进行调整,刚刚完成省级贫困村山涛村的脱贫攻坚摘帽任务、卸任该村第一书记、时任镇常务副镇长的吴官文主动请缨,要求兼任滩头村第一书记,切实推进"宅改"工作,尽管他非常清楚滩头"宅改"面临重重困难,但从山涛村的成功脱贫摘帽,他深知面对群众的实际需求,只要细化工作方式方法,就能获得大家的支持,有了大家的支持,"宅改"这个为村民办好事的工作就一定能成功。他一到滩头上任,就向广大村民承诺了一定要搞好"宅改",如果搞不了,就一直当滩头村的支部书记,直到把"宅改"搞完,向群众表明了"改革不成功,决不收兵"的决心。

"山涛村脱贫和滩头村'宅改'是当时春涛镇公认的两大难题。我原本在省级贫困村春涛镇山涛村任第一书记,刚完成脱贫摘帽任务,工作充满激情,在2019年调整分工时,主动请缨攻克难关,当时我想山涛村都能实现脱贫,滩头村'宅改'也是实实在在为村民带来好处,只要方法得当、获得村民的支持,就一定能推进,尽管后期工作的难度超出了当初的想象,但我还是有信心的。"时任镇常务副镇长、现任镇党委书记的吴官文谈起当初的工作想法,这样告诉我们。

3.2 走访民情,充分掌握村民"宅改"需求

吴官文到村工作的第一件事,就是熟悉情况、摸清村底,他吃住在村里,把滩头村的地籍图挂在办公室最显眼的地方,时刻提醒自己要借"宅改"之机解决人居环境恶劣、宅基地供需矛盾突出等村民关切的问题。通过上门入户,了解每一家农户的情况,宣传"宅改"的好处,聊"家长里短"与村民沟通。刚开始,面对村民们的冷言冷语,他并未放弃,还是不厌其烦地走完每一家,经过一段时间,发现村里历史遗留问题多、宗族间关系紧张复杂,多年来因宅基地而产生的矛盾纠纷已成为影响村民团结、村庄发展的突出"瓶颈",尽管群众内心都有迫切改变的

意愿，都希望完善村庄基础设施，但干群关系差、村民间积怨太深，困难太大，村民完全没有信心。

在实地调研中我们偶遇一个村民与他交谈。"说实话，吴书记刚来的时候，我们对'宅改'根本没有信心，我们村情况非常复杂，村民间各类矛盾纠纷多，民心不齐、不团结。一开始吴书记上门我们也是不冷不热，应付了之。但看到吴书记真心实意想为村民办事，关心村民的每件实事，村民慢慢开始信任他，也逐渐把真实想法说出来，后来看到全村实实在在地推进'宅改'，村民也把'宅改'当成自家的事，积极支持、配合。"

3.3 强化党支部建设，重塑"主心骨"形象

一是开好民主（组织）生活会。在吴官文组织的第一次民主（组织）生活会上，就把所有的村"两委"干部聚集起来当面开展批评与自我批评，会议上大家讨论激烈，互相说各种"坏话"、揭短，甚至连其小时候做的事情都会被揭露出来，再张贴到广场上让村民来监督，有则改之，无则加勉。二是制定干部为民服务的制度，要求每一名干部每天至少要去一户百姓家里主动帮忙做一件好事，并实行民事村办的首问负责制，对村民负责到底，实在办不了的，可找支部书记来帮办。三是以身作则。吴官文把印有自己电话和纪委监督二维码的名片挨家挨户发给村民，村民有事可以直接找他，做得不好可以向纪委反映举报，让老百姓看到村干部时刻在他们的身边，有困难找干部，通过村干部为群众办实事，让群众信任干部，重树了干部为民服务的形象（图4-6）。

3.4 重组村民理事会，构建议事决策机制

理事会成员与村干部交叉任职，按"一房一理事"推荐了18名房长作为理事会成员，保证了每个家族都有自己的"发言人"，加上3名村小组干部，1个老村委，以及2名乡村振兴参事会成员，组成了24个人的理事会（图4-7）。同时，制定议事决策机制，明确一切事项由理事会协商决定，并做到"两榜五公开"，其中"两榜"：即重大事项先发第一榜征求群众意见，修改定论后再发第二榜接受群众监督；"五公开"：即农村

图 4-6 村党支部开会讨论"宅改"

图 4-7 村理事会讨论"宅改"

宅基地制度改革试点方案和工作安排上榜公开,农村宅基地管理政策和制度上榜公开,宅基地调查摸底情况上榜公开,村庄规划图上榜公开,所有结果上榜公开。规定每月1日、2日、15日,分别是滩头村的理事议事日、村民说事日、和谐调解日,村庄集体事务、矛盾纠纷都在一个月内商议。每月最后一天则为文明评判日,由村委会代表、党员代表、理事会代表、村民代表、巾帼志愿者代表共5人组成文明评判团对村民孝老爱亲、遵纪守法、家庭卫生、移风易俗等十一方面进行评分，实行积分制管理（图4-8）。

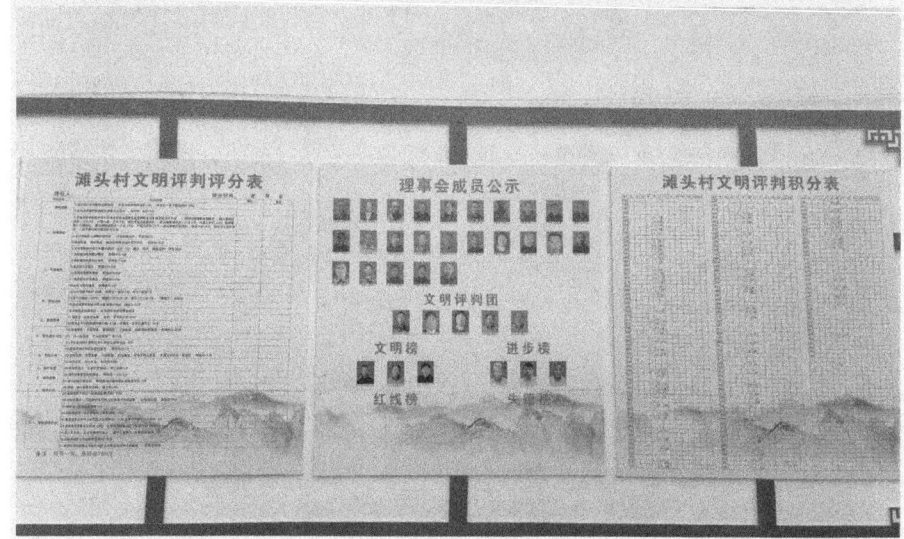

图4-8 文明评比公示栏

3.5 因户施策动员，激发村民"宅改"内在动力

在前期上门入户摸清各家基本情况的基础上，针对每户村民在"宅改"中的迫切愿望，因户施策地找准需求点进行参与"宅改"的动员。比如相亲女方转头就走的那户村民，他家门口是别人家的牛栏，厨房与牛粪的气味混在一起，出门就是牛粪和苍蝇。吴官文书记就这样开导，"如果你家门口还是这种面貌，儿子将来找老婆还是会很难。现在不搞'宅改'拆掉牛栏，那你将来的祖祖辈辈都拆不掉这个牛栏。"他家当时最大的愿望就是改变环境，把牛栏拆掉，家门口有了一条好路后他的儿子就好娶媳妇了，他当场就表示举双手赞成，一定积极支持"宅改"。类似的情况很多，以至于不少村民遇到村干部，都迫不及待地催问"我们村什么时候启动'宅改'？一定要尽快启动"，已在村民内心激发了开展"宅改"的渴望与动力。

3.6 坚持"五共"原则，拟定"宅改"方案

如何开展滩头村"宅改"？理事会首先确定了"五共"原则，即共同

商定、形成共识、共同出力建设、共同管理村庄、共同享受"宅改"成果。方案经过了理事会反复讨论和多次修改。理事会成员集体酝酿,连续一周每晚开会,讨论之后再去征求意见和摸底。最初的方案是房屋、围墙、附属房全部"一刀切"拆除,把村庄的道路规划得平平整整,横平竖直。但是后面逐步完善的方案是"既能满足村庄的建设需要,又能最大限度地减少老百姓的损失",更加体现人性化。比如针对围墙,全村117个围墙有115个围墙挡住了村庄道路规划和建设,无法满足基本的通行功能,只有两处围墙不影响村庄规划和通行,所以明确全部拆除。而附属房和"一户多宅"房屋,根据村民的实际诉求,改变了"一刀切"的原始方案,允许一家保留一个正在使用的、不影响村庄规划且不是危房、面积不超过60平方米的附属房;"一户多宅"的危房、空心房、实木结构的、没有历史保护价值的全部拆除;对于不影响村庄规划,经区以上文理局鉴定为文物的、有保留价值的可以不拆除,或者交有偿使用费,或者鼓励本集体经济组织成员内部流转。

4 众人拾柴火焰高

4.1 签字画押表决心,万众一心要"宅改"

2019年4月5日清明节这一天,围绕"宅改"组织了一次村民大会。在会上村支书把滩头的吴氏族谱翻出来,讲吴氏曾经的辉煌,激发群众爱家、爱宗族的热情,再对比现在邻近村庄"宅改"取得的成效,宣传"宅改"对改变现状的迫切性。面对反差,与会村民心里非常着急,情绪激动,纷纷表示等不起、慢不得、坐不住,表现出迫切希望"宅改"的愿望。吴官文书记趁热打铁:"一要对得住自己祖宗,二要对得起子孙后代,现在是我们千年巨变的最好时刻,如果这个时候错过了,你的子孙后代都会骂你,就是你们阻碍了村庄的发展,不是你们在这里,可能村庄会变得很好。""现在不是政府强迫村里搞'宅改',而是大家主动需要,大家如果下定决心要搞,那么村支部就会全力去争取上级对我们的支持,为了表明村里'宅改'的决心,我们应签订支持'宅改'的申请书和承诺书,让上级看到我们的决心。"按传统习俗,村民统一到村庄的庙里上好香,对祖宗发誓再回来签字。大家直接现场拟定申请书,联名申请要求搞"宅改",表明是村民自己强烈要求改革。当天,村庄内 435 户有 429 户签订了改变落后面貌的申请书,和支持宅基地制度改革的承诺书。其中 6 户未签订,但口头承诺,若"宅改"能真正搞下去,他们绝对不阻碍,一定配合工作(图 4-9)。

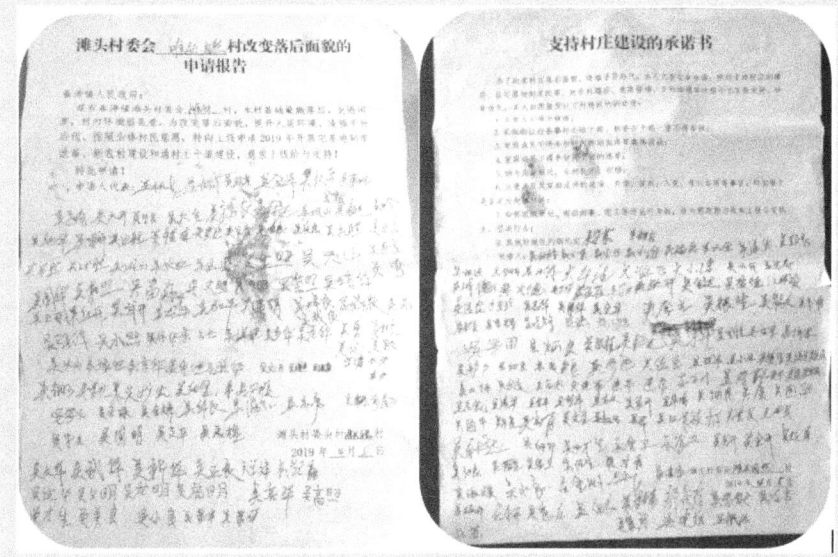

图 4-9　村民"宅改"的申请报告与承诺书

4.2　户户参与编规划,美丽蓝图自己绘

"村两委"干部配合规划编制单位花了一个月时间,坚持开门编制村庄规划,尽量满足各家各户的合理需求与建议,上百次修改规划图,针对村民对村内交通改善的迫切愿望,不盲目追求房屋的整齐划一,以拆除围墙、附属房为主,尽量减少主宅的拆除和村民的经济损失(图4-10)。规划了长 6.5 公里、宽 3 米的村内道路网,保证家家户户门口通车,现在村口的水塘,就是在村民联名请求下,整治后再现的一滩碧水。面对村民自己绘制的家园建设清晰蓝图,为了使规划图中的村内道路、绿地、休闲广场等变成现实,村民主动性、积极性很高,真正激发了村民参与"宅改"的内生动力,让"我要改"成为大多数村民的自觉行动。

图 4-10　村庄规划征求村民意见

"一开始,由一家公司编制的村庄规划,非常漂亮,村内道路横纵规整,70%以上的房屋都要拆除,好看但不实际。"谈起村庄规划,村民 B 表达了他的感受,"幸好村里很重视征求村民的意见,每个村民的祈求与愿望不同,'众口难调',村民对规划的意见难以统一,经过很多次的讨论、协商,最终基本每家每户的意见实现了一致,很不容易,但规划目前都变成了现实。"

4.3　敲锣打鼓造氛围,轰轰烈烈启"宅改"

2019 年端午节天气晴朗,这应是滩头村具有历史意义的一天。一大早,村民就把划龙舟比赛中使用的锣鼓敲了半个多小时,激活了滩头村全村的气氛。敲锣打鼓后,所有理事会成员在村委会前进行宣誓。在理事会宣誓氛围的感染下,现场村民们情绪激动,纷纷表示一定要把"宅改"搞下来,要捐钱捐工,改变滩头村"脏乱差"的现象,对得起祖宗与子孙后代。誓师会后先从村委会的围墙拆起,再是老村委会书记家的围墙,让村民看到党员干部的带头示范作用(图 4-11)。

图 4-11 "宅改"启动会

4.4 村规民约立规矩,"得失"对比树希望

尽管村民签订了申请书和承诺书,但不少村民担心,若违反怎么办,应该制定反向约束。为此,村"两委"组织制定了《新时代的滩头村规民约》,引导群众自治,结合该村实际和大多数群众的意见,尊重乡贤意见,制定了违反承诺将列为失德村民,村干部、党员不参加该家红白喜事等9项措施,由"文明银行"兑现积分奖惩,使村规民约成为大家约定俗成、共同遵守的行为准则。在"宅改"推进中,由于村里道路狭窄,挖掘机开不进,难以做到按照"党员、理事、乡贤、群众"的方式循序渐进,只能从外往内拆,刚开始拆到的普通村民就不理解,也担心不公平,怕拆了他家的就不拆下去,甚至喊出"誓与房屋共存亡"。这时吴官文书记站出来了,不嫌麻烦、不图省事,针对"宅改"的前后变化制作了"宅改"的得失对比表,用数据说话,从损失和获得上做了比较分析,树立了人们对"宅改"带来的村庄变化希望(表 4-1)。

表 4-1 滩头村"宅改"得失对比

失去的	得到的
拆除人畜混居的猪牛栏212个	新建了村庄外围的集体牛舍,改变了人畜混居的恶劣环境
拆除露天厕所200余个	通过"厕所革命"家家户户得到了三格式化粪池、水冲式卫生厕所,新建了卫生公厕,污水通过三格式化粪池处理之后进入污水管网,再进入污水处理站

(续表)

失去的	得到的
退出"一户多宅"的空心房、危房113栋	利用退出的宅基地修建了生态停车场、宽敞的村民活动广场、温暖的留守儿童之家、幸福的居家互助养老中心、设施齐全的村卫生室、爱心超市、扶贫车间等，基本做到了老有所养、幼有所育、病有所医、贫有所扶。除了基础设施用地外，还腾出了32宗宅基地，满足了当前村民建房需求，科学规划了村庄
拆除围墙117个	退出老百姓圈占的土地，拆除围墙，将群众的"心墙"打开，化解了历史矛盾纠纷，硬化道路6.5公里，实现进村路、环村路，入户路，路路通、户户通，改变了原来村内没有一条硬化路，没有一条超过2米的路的局面。砌筑沟渠1.6公里，铺设雨污分流管网7.9公里，基本实现了雨污分流，灰黑分流，改变了晴天一身灰、雨天一身泥，污水横流的恶劣环境
村民先后捐资50余万元，义务投工3 000多个，捐红石50 000多块	激发了村民的主人翁意识，增强了村民的获得感、自豪感，村民参与了村庄建设，对美好环境的来之不易倍加珍惜。组建了巾帼志愿者服务队、感恩志愿服务队定期义务为村庄打扫卫生。组建了乡村振兴参事会，为家乡的建设出钱、出智、出力
化解了因宅基地引起的纠纷近百起	所有拆除正房的统一由集体根据退出面积，发放宅票，待其满足建房条件时可以免费兑换同等面积的宅基地（没有宅票新建房屋的需要交100元/米^{2}的择位竞价费）。腾出的宅基地统一归集体所有，按照村庄规划统一管理，建房顺序：①因影响村庄规划主动退出一户一宅房屋的；②有宅票且满足建房条件的；③其他满足建房条件的。同等条件下抽签决定地块。做到公平、公正、公开管理宅基地
干部队伍散漫、软弱	锻炼了队伍，通过"宅改"的攻坚克难、真情付出，形成了滩头村党支部作风"真情为民、硬核担当、激情奋斗"，增强了党支部的战斗力、凝聚力、公信力
远近闻名的"18头手""彪悍民风"	退出老百姓圈占的土地，将群众的"心墙"打开，淡化了房族观念，并在短短半年多时间完成了滩头村的美丽蜕变，群众的获得感、幸福感得到了极大的提升。如今滩头村的民风社风、村容村貌、村民收入、干群关系发生了翻天覆地的改变，村内处处洋溢着邻帮邻、亲帮亲，和谐互助、不忘党恩的文明新风，"全国乡村治理示范村"名副其实

4.5 人人出力搞"宅改",群策群力建家园

2019年9月14日和2020年元旦,滩头村在宗祠和新时代文明实践广场组织了两次募捐活动,将"宅改"过程中发生的真人真事改编成小品、话剧演出和打麻子等民风民俗活动,宣传发动群众参与"宅改",支持村庄建设。老党员吴样花带头无偿退出自家院套500多平方米;老党员干部吴瑛带头拆除自家10多万元建造的新院墙。村外4公里的潢春线拓宽改造,村民吴仁进花了6万多元建的厨房,因影响道路建设而自愿无偿拆除。在"宅改"过程中,全村上下有钱的出钱,有力的出力,除乡贤捐赠150万元外,村民共筹集了50万元,还义务投工3 000多个,捐赠红石50 000多块(图4-12)。仅仅1周时间,滩头村就腾出了村庄内近1/2的宅基地,共退出房屋67栋,附属房、猪牛栏212间,院套117处,共计退出21 230平方米。有8户符合"一户一宅"政策,但影响到村庄规划建设的村民,为了大局发展也自愿无偿拆除房屋,服从集体的统一安排,在异地自费新建。理事会为了感谢他们"舍小家为大家"对村庄发展作出的贡献,原商定为这些村民设立"永久性功德碑",但这些村民表示都为自家做事,不愿意设立功德碑。

图4-12 村民捐赠红石建成的路护肩

"这次滩头的'宅改',真正实现了万众一心,村民的团结是空前的,人人觉得不支持'宅改'都不好意思。"村民C主动与我们交谈,"尤其看到党员干部、乡贤的做法,大家都觉得不搞好'宅改',对不起大家,也不好向子孙后代交代。通过'宅改'不仅改变了人居环境,更是聚集了人心,找回了大家庭的温暖,让大家又看到了滩头的希望。"

2019年12月28日,刘奇书记通过导航直接暗访滩头村,此时"宅改"工作已收尾。本次暗访他在村里待了1.5小时,看到"宅改"发动了群众,老百姓都很满意,感慨地说"这就是在党的领导下发生在群众身边的翻天覆地的变化,要讲好故事,要宣传传播出去!"

5 滩头村华丽蜕变的启示

在同样的一块土地上,滩头村因宅基地纠纷而矛盾重重,又因"宅改"而重获新生,充分证明了"宅改"巨大的生命力,在改革中办法总比困难多,同时也体现了"要我改"与"我要改"的巨大内生动力差距。从啃下滩头村"宅改"这块"硬骨头"中可得到几点启示。

5.1 充分发挥基层党组织在改革中凝心聚力的关键作用

一是配强班子,选派了优秀年轻的镇党委班子成员担任村党支部书记,使村党支部有了"主心骨",改变了原来软弱涣散的党支部,明确提出要"真情为民、硬核担当、激情奋斗"。二是改革村干部考核机制,对村"两委"干部实行积分制管理,细化工作职责,定期向群众公示,由群众评判工作业绩,让干部在群众监督下开展工作。要求干部"日行一善",每名干部每天至少要去一户百姓家里主动帮忙做一件好事,主动上门给群众办事;党员"周行一善",每位党员每周做一件好事,一个月集中搞一次卫生。当初村里还没有复印机,为了帮村民复印身份证,党员干部就跑到镇里去复印。三是创新党员活动方式,利用网络,使流动党员通过远程视频参加组织生活,讨论家乡建设,实现了流动党员"离乡不离组织、流动而不流失"。党建的加强,增强了村"两委"党员干部的凝聚力和战斗力。建立了民事村办45条任务清单,党员干部把服务送到村民家门口,实现村民办事不出村。

"民心齐,泰山移",正是基层党组织坚强的堡垒作用,让村民树立了做好"宅改"的信心,从抵触,到观望、配合,最后主动融入、积极投工投劳。

5.2 急村民之所急,忧村民之所忧,激发村民的改革主人翁精神

一是广泛征求每户农户的意见,充分尊重广大村民的祈求与关切,掌握各家各户的"宅改"期望与村庄建设的要求,不断细化"宅改"内容,对哪栋房屋必须拆、拆除后的石头如何处置都作出了明确的确定,保证了具体改革内容达到高度统一。二是以村民的愿望为"宅改"的根本目标,针对"房屋杂乱无章,道路狭窄,污水横流,臭气熏天"的突出问题,明确了村内路网建设与雨污分流管网建设是"宅改"的核心内容。三是开门编制村庄规划,对于村内路网的布局,公共基础设施的布点等具体内容,充分吸纳各家各户的意见,反复调整修改,先后上百次修改规划图,最终形成了大家公认的村庄规划方案,彻底抛弃了规划技术单位当初绘制的道路网横纵有序、房屋整齐划一,需要拆除近300栋主屋的理想规划,坚持"路有弯、港有滩",以拆除围墙、附属房为主,尽量减少主宅的拆除和村民的经济损失。

滩头村"宅改"正是抓住村民对道路条件改善的迫切需要,明确了以改善人居环境为重要内容的"宅改"方案,激发了村民建设家园的主人翁精神,如村外4.5公里的潢春线拓宽改造,途经两侧无论是民房还是承包地,村民都不要求任何补偿,吴仁进花了6万多元建的厨房,因影响道路建设而自愿无偿拆除。

5.3 重塑乡村文明新风尚是改革推进的重要保障

一是面对村民因二次"宅改"失败而失去的信心,各级领导多次亲临滩头现场办公,乡镇工作组更是驻村上班,走巷入户,访谈村民,召开"宅改"誓师大会,多年在外的吴新卫、吴炳华放下在外的"营生"回到滩头吴家村担任理事,立下"不搞好'宅改'就决不外出"的军令状,为村民找回了信心,让人们看到希望,全村435户村民有429户签订"宅改"的申请书和承诺书(剩余6户口头承诺绝不拖"宅改"后腿)。二是针对多年来因宅基地纠纷而产生的邻里矛盾,在理事会调解下,大家敞开心怀交流、沟通,为了共同的家园,大家把话摆在桌面上,"今日

退让一步,明日幸福百倍!""一笑泯恩仇",以"宅改"为契机化解了历史恩怨,凝心聚力建设家园。三是成立了互助养老中心、留守儿童之家,组建了党员志愿者服务队、巾帼志愿者服务队、感恩志愿者服务队,惠及70岁以上老人23名和留守儿童30余名,实现"老有所养,童有所育,小病不出村",让村民重新感受到村庄大家庭的温暖,重塑集体认可感。

"宅改"不是单纯的房屋、公共服务与生活基础设施的硬件建设,还包括村民精神面貌、乡风文明等精神文明的软件建设,从某种程度上看,软件建设要比硬件建设更加重要。滩头村"宅改"的成功正是坚持了精神文明建设与村庄环境建设"二手"都硬的基本原则。

二、案例分析

(一) 案例分析框架

基于集体行动和社会治理共同体两个理论,通过构建"情感共融—价值共通—行动共为—利益共享"的乡村治理共同体,以探寻改革内生动力之源,破解了滩头村"宅改"的成功密码:基于村庄地域性与血缘关系的特征,加强公益事业建设,打造相互帮衬、共同建设大家园的情感共融基础,让村民重新感受到村庄大家庭的温暖,重塑集体认可感;以"公平"贯穿于"宅改"的全过程,重塑传统价值观;通过制定具体的宅基地分配、利用、退出、有偿使用、监管等规章制度,形成全体村民的共同行为准则;全村共享"宅改"带来的良好人居环境、和谐的邻里关系(图4-13)。

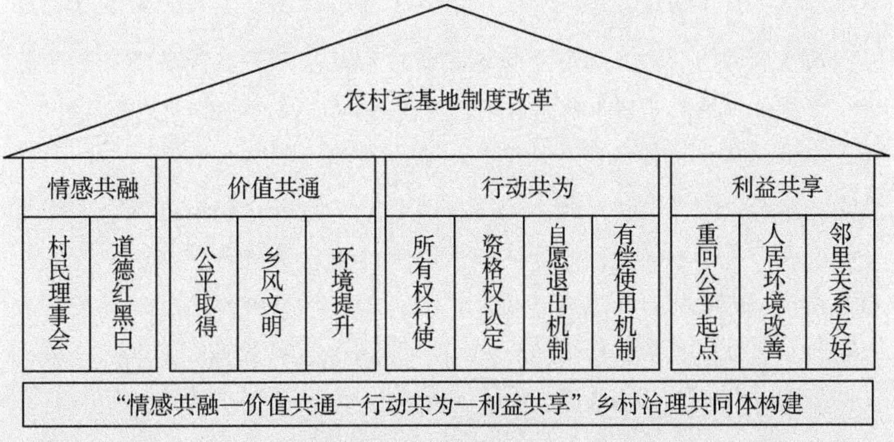

图4-13 案例分析框架

（二）滩头村"宅改"的成功密码

1. 主体关系：从多"房"分散到情感共融

"宅改"前的滩头村村内纠纷不断，主体关系非常紧张，是一种多房分散的局面。村内十八房族之间矛盾重重，村民因宅基地导致的邻里吵架、矛盾纠纷是家常便饭。由于村庄管理失序，歪风邪气盛行，民风社风野蛮生长，历史以来，滩头村与周边大小村庄发生纠纷械斗不计其数，村庄内十八房族关系错综复杂、矛盾重重。

在实施"宅改"的过程中，通过走访民情，充分掌握村民"宅改"需求。针对每户村民在"宅改"中的迫切愿望，因户施策地找准需求点进行参与"宅改"的动员。以至于不少村民遇到村干部，都迫不及待地催问"我们村什么时候启动'宅改'？一定要尽快启动"，已在村民内心激发了开展"宅改"的渴望与动力。达到村民间情感共融的效果，群众内心都有迫切改变的意愿，都希望完善村庄基础设施。因此，构建了理事会成员与村干部交叉任职机制，按"一房一理事"推荐了18名房长作为理事会成员，保证了每个家族都有自己的"发言人"，加上3名村小组干部，1个老村委，以及2名乡村振兴参事会成员，组成了24个人的理事会，形成了情感共融的集体行动基本决策单元，增强了乡村凝聚力。

2. 目标认知：从多元诉求到价值共通

"宅改"前的滩头村生活环境恶劣，村民建房时基本都是在各自的诉求下完成，挤占邻里空间。上千年的村庄却难得看到上百年的老房，村庄四周被农田围绕，在国家严格保护耕地的政策下，居民点难以向外扩张，只能是在原宅基地上拆了再建、建了再拆。由于宅基地管理的无序，造成"房挤房、墙挨墙，有的房屋还缺个角"，村庄被危旧房、猪牛栏、露天厕包围。村内没有一条水泥路，没有一个三格式化粪池，汽车进不了村、摩托车要挑路走，村民建房只能用独轮车推材料进村，出现了出殡要用楼梯拖棺材、房屋开不了正大门、三角形五角形奇形怪状房屋等"奇葩"现象。村内环境污水横流、臭气熏天，基础设施极度落后，基本是"垃圾靠风刮、污水靠蒸发"。

在一次村民大会上村支书把滩头的吴氏族谱翻出来，讲吴氏曾经的辉煌，激发群众爱家、爱宗族的热情，再对比现在邻近村庄"宅改"取得的成效，宣传"宅改"对改变现状的迫切性。面对反差，与会村民心里非常着急，情绪激动，纷纷表示等不起、慢不得、坐不住，表现出迫切希望"宅改"的愿望，呈现了村民间对于"宅改"价值的共通，希望通过"宅改"重回宅基地公平取得的起点、改善人居环境、重塑乡风文明，汇聚乡村合力。

3. 任务过程：从被动动员到行动共为

2015年和2017年两次启动"宅改"两次失败。2015年，不论是村干部还是群众，都无动于衷，对"宅改"明显抵触，一些村民明确表示："这些是我祖宗好不容易留下来的祖宅，怎么可能让集体收回去，自己的东西就是要占在这里"。2017年，由于缺乏统筹，也没有形成大家认可的改革方案，村干部带头拆除了无人居住闲置的老房子，却成为大家嘲笑的对象，风凉话四起，家里人也不理解、骂他，他这个带头使自己成为里外都不是的笑柄。当时，有很多村民认为，"宅改"是"政府要我改"的，只是一时的，坚持不了多久，村干部也是为了自己的业绩，他们不会真正为全村村民的福利考虑。两次失败村干部和村民都处于被动动员的状态，形成集体行动困境。

2019年3月9日，春涛镇领导召开班子会议，对各班子领导的工作进行调整，刚刚完成省级贫困村山涛村的脱贫攻坚摘帽任务、卸任该村第一书记、时任镇常务副镇长的吴官文主动请缨，要求兼任滩头村第一书记，切实推进"宅改"工作，尽管他非常清楚滩头"宅改"面临重重困难，但从山涛村的成功脱贫摘帽，他深知面对群众的实际需求，只要细化工作方式方法，就能获得大家的支持，有了大家的支持，"宅改"这个为村民办好事的工作就一定能成功。如何开展滩头村"宅改"？理事会首先确定了"五共"原则，即共同商定、形成共识、共同出力建设、共同管理村庄、共同享受"宅改"成果。方案经过了理事会反复讨论和多次修改。理事会成员集体酝酿，连续一周每晚开会，讨论之后再去征求意见和摸底。

"村两委"干部配合规划编制单位花了一个月时间，坚持开门编制村庄规划，尽量满足各家各户的合理需求与建议，上百次修改规划图，村民主动性、积极性很高，真正激发了村民参与"宅改"的内生动力，让"我要改"成为大多数村民的自觉行动。此外，村"两委"组织制定了《新时代的滩头村规民约》，引导群众自治，结合该村实际和大多数群众的意见，尊重乡贤意见，制定了违反承诺将列为失德村民，村干部、党员不参加该家红白喜事等9项措施，由"文明银行"兑现积分奖惩，使村规民约成为大家约定俗成、共同遵守的行为准则。并针对"宅改"的前后变化制作了"宅改"的得失对比表，用数据说话，在损失和获得上做了比较分析，树立了人们对"宅改"带来的村庄变化希望。这个过程主要是基于共同利益下的集体决策及制度安排以推进乡村有效治理。

4. 成效显现：从各为己利到共同体利益共享

"宅改"之前的滩头，以"脏、乱、差"而著称，是远近闻名的"刺头村""后进村"，也是多年以来的信访大村。村民在宅基地利用过程中，以一己私利为价值导向，导致村庄生活环境恶劣、村内纠纷不断、干群关系紧张。通过宅基地制度改革滩头村华丽蜕变成为"宅改"示范村，被评为"全国乡村治理示范村"。在"情感共融—价值共通—行动共为—利益共享"构建乡村治理共同体基础上，形成了农村集体行动的个体构成的集团、共同利益、集体决策和制度安排，重建了一种情感上较为亲密、具有共同的历史文化传统、为共同目标而积极协作、具有较强凝聚力的社会关系，探寻改革内生动力之源，破解了滩头村"宅改"成功密码。实现了重回宅基地公平取得的起点，改善了人居环境，重塑了乡风文明等共同体利益共享格局。

(三) 对策启示

通过对滩头村经历了"宅改"两次失败到最终成功啃下这块"硬骨头"的案例分析，可以总结以下几点对策启示。

1. 建立有利于多元主体集体行动的治理结构

坚持政府引导、集体主导、村民主体的多元主体集体行动的治理结构。宅基地制度改革与乡村治理融合推进是在政府引导下，建立基层自治组织，激活农民参与改革的主体地位。基层自治组织具有乡村权威性和群众地位对等性，可借助乡村关系网络有效激励村民群众参与和监督政策执行，提高村民遵循政策规范的意愿，激活村民主体地位，推动宅基地制度改革。基层自治组织主导宅基地制度改革，民主协商宅基地的审批、分配，民主决议宅基地资格权的确定，民主管理、民主监督宅基地建房状况，保障宅基地公平取得和权属清晰，有效化解乡村社会矛盾，夯实乡村治理基础。

2. 推进非正式制度与正式制度融合的多元制度体系建设

宅基地制度既是国家土地制度的重要安排之一，又是农村社会稳定的主要福利分配，在国家法律法规和相关政策对宅基地制度的宏观规定框架下，借助农村非正式制度规范宅基地制度改革秩序是宅基地制度改革与乡村治理融合推进的重要路径选择。村规民约作为农村最主要、最权威的非正式制度安排，其规范性和约束性要高于国家法律法规等正式制度。宅基地制度改革不能根据制度强制执行，否则会出现上访、民怨等社会问题。但是宅基地制度运行过程中出现的"一户多宅"、超大超高现象又影响宅基地产权配置的公平性、影响乡村居住环境质量。因此，在村规民约写入宅基地退出、有偿使用及收费标准等相关事项的执行，对积极配合的村民予以积分制正向奖励，对拒不退出的行为写明反向约束措施，如不能参与村庄传统节日的活动，强化道德教化的作用。正式制度与非正式制度协调互补，完善宅基地制度体系，提升制度因地制宜的适用性，实现制度对于基层制度、农村集体、村民的有效约束和规范。

3. 构建乡村治理共同体的共建共治共享新格局

基于案例分析，乡村治理共同体的构建关键在于组织要素、利益要素通过制度化手段实现高效耦合，在组织制度理论中，组织的行为被视作一种信息的表达，制度不仅影响了组织行为选择，同时也在组织信号交换过程中逐渐被加以改变，组织制度是共同演化的关系。从组织、制度维度出发，可以衍生出双重逻辑来解释在事实经验层面组织、利益与行动如何耦合，乡村究竟如何将分散的农民最大限度组织起来，并使之持续运转，破解共同体之困，推动乡村治理共同体的发展，并作为推动农村宅基地制度改革的重要保障。在利益表达方面，构建制度化表达渠道，通过制度规范打通经济利益与政治权力壁垒；在利益聚合方面，构建具有公共性的利益格局，并通过党建引领促进乡村的公共认同；在利益维护方面，构建"三治"融合、多主体参与的协商模式，规范农民集体行动，从而促进乡村治理共同体的稳定运行。为农村宅基地制度改革提供坚实的群众基础、激活村民内生动力、构建扎实的制度体系保障。

宅基地制度改革作为乡村公共事务的重要一环，其改革敏感性强、改革任务重，且改革不是简单的"拆房子"，而是要在保障"户有所居"的前提下，夯实改革基础、激活内生动力、改善人居环境、实现乡村治理体系和治理能力现代化。以形成集体行动能力，构建"情感共融—价值共通—行动共为—利益共享"乡村治理共同体，实现了"要我改"到"我要改"的转变，形成了"宅改"的内生动力，成功推进了"宅改"。

注：该案例获江西省首届公共管理案例比赛三等奖。

4.4 社会调研的学术成果挖掘

社会调研成果可直接为学位论文提供种种论证支撑，这些成果运用还要与分析方法相配合，有丰富的数据而没有相应的分析方法，社会调研成果也难以发挥作用。因此，作为MPA研究生还要掌握相应的分析方法。

社会调研成果除了支撑学位论文外，还能用于对策建议报告和学术期刊论文的发表。案例4-2就是一个典型。

案例4-2 江西乐安"绿能"模式的调研

一、案例介绍

2019年2月，国家出台了《关于促进小农户和现代农业发展有机衔接的意见》，强调要坚持小农户家庭经营为基础与多种形式适度规模经营为引领相协调，使小农户成为发展现代农业的积极参与者和直接受益者。发挥好现代农业企业对小农户的帮扶作用，是促进小农户和现代农业发展有机衔接的有效路径。江西省乐安县引入绿能公司，探索了"政府引导、村组主导、村民自愿、企业对接；协同多样、保障多元、风险可控、利益共享"的乐安"绿能"模式，取得了显著成效。为了总结经验，课题组开展了《乐安"绿能"农业企业与小农户命运共同体构建》专题调研。从2019年4—8月，调研组先后5次深入乐安实地调研，召开了各类座谈会5次，访谈了大量村民、企业员工、当地政府工作人员，掌握了丰富的第一手资料，也取得了明显的学术成果，形成的对策建议报告《构建企业携手农户新机制　筑牢粮食生产基础——基于江西乐安"绿能"模式的实践调研》刊发于江西省人民政府研究室主办的《赣府研阅》，2019年第12期；完成的学术论文《如何构筑龙头企业与小农户命运共同体？——基于江西乐安"绿能"模式的实践分析》刊发于《中国软科学》，2020年第5期。

附件1：调研方案

一、调研目的

《关于促进小农户和现代农业发展有机衔接的意见》强调要坚持小农户家庭经营为基础与多种形式适度规模经营为引领。发挥现代经营主体对小农户的帮扶作用是促进小农户和现代农业发展有机衔接的有效路径，而构筑龙头企业与小农户的命运共同体，则是发挥龙头企业对小农户带动作用的关键所在。为总结江西省乐安绿能农业发展有限公司在促进小农户和现代农业发展有机衔接的成功经验，特开展本次调研。

二、调研内容

江西省乐安绿能农业发展有限公司在促进小农户和现代农业发展有机衔接中的主要做法、取得的成效、存在的主要问题及原因、完善的对策建议与政策祈求、推广应用的前景与配套政策保障。

三、调研方式

以座谈会为主，结合典型案例剖析、个别访谈进行。座谈会人员主要包括乐安县农业农村局分管领导、绿能农业企业管理人员、业务人员、村民代表、村干部代表、乡镇分管领导、乡村农经站工作人员、供销社业务人员、合作社负责人员代表等相关人员。

调研关注的主要问题：

1. 总体情况：托管和半托管的数量与比例、影响因素分析（列表统计）。

2. 农户、企业、村集体、县供销社、合作社、基层政府等相关主体的分工、协同。

3. 村集体的做法，如何让农户对企业建立信任关系，是否增加了村集体经济收益、促进了村集体经济组织建设？

4. 政府的政策引导与鼓励。为此制定了哪些政策？

5. 县供销社、合作社的角色定位及其表现如何。

6. 农户的组织化程度提升。农户的组织化建设表现。

7. "不愿托管"而影响规模经营的"钉子户"如何协调。

8. 典型农户家庭收入的变化，包括收入结构与总量，农业经营的效益变化，如对"职业农民"罗新根、游升根的访谈。

9. 企业如何保障经济利益和防控风险，创新盈利方式，确保命运共同体的健康运行，是否对乐安大米进行绿色与有机认证、工商注册，如何确保产品质量？

10. 农户分散经营有哪些外部性社会成本？具体表现是什么？地膜的使用与回收、农药化肥使用的前后对比数据。

11. 农户、企业、村集体各主体的风险点在哪？如何防控？

12. 先进生产理念与农业技术的推广应用及其效果（如早稻直播技术、测土配方施肥、病虫害防治技术）。

13. 如何解决机械化操作所需要的成片规模化经营条件（包括基础设施，是否结合了高标准农田建设）。

附件2：对策建议报告

构建企业携手农户新机制 筑牢粮食生产基础
——基于江西乐安"绿能"模式的实践调研

陈美球 廖彩荣 朱美英 张淑娴

2019年2月，国家出台了《关于促进小农户和现代农业发展有机衔接的意见》，提出要使小农户成为发展现代农业的积极参与者和直接受益者。发挥好现代农业企业对小农户的帮扶作用，是促进小农户和现代农业发展有机衔接的有效路径。近年来，乐安县引入江西省乐安绿能农业发展有限公司，构建了"政府引导、村组主导、村民自愿、协同多样"的现代农业企业与小农户协同新机制，在破解"让农民种粮容易，但让农民赚钱难"的难题上成效显著，为促进江西省小农户与现代农业发展的有机衔接、稳定粮食主产区地位，提供了一个现实方案。

一、主要做法与成效

2017年年底，江西绿能农业发展有限公司投资1.2亿元成立了江西省乐安绿能农业发展有限公司（简称绿能公司）。2018年共流转耕地1.3万亩，托管2.0万亩，与97户农户及9个合作社签订了订单合同。一年的实践就在乐安引起了广泛的关注，实现了农户、企业、村集体等多主体的共赢。2019年，流转1.4万亩，托管3.0万亩，并与113户农户及11个合作社、1个家庭农场签订了订单合同，表现出协同新机制的强劲生命力。

（一）主要做法

1. 以各主体清晰定位保障协同效率

政府、村集体、企业、农户、合作社等主体角色定位清晰。当地政府主要负责协调企业入驻的相关问题，并牵线搭桥，帮助村民、合作社与企业之间建立信任关系；村成立合作社（与村委会两块牌子一套人马,"村社合一"),主要负责集中规模经营的地块调整,以及流转、托管中各类矛盾的调解,并与村民签订流转合同,每个村成立监事会,每个村小组成立由乡贤、老党员、老干部组成的理事会,监管土地流转协调金的使用、农田基础设施的维护等事项;村民可根据自身需求,自愿选择与企业协同的方式;企业在集中经营的同时,还提供各类生产服务与管理,对接村民的各类需求。

2. 以承包权和经营权的集中分离破解协同瓶颈

以承包权和经营权的集中分离,解决了承包地过于分散与现代农业生产集中连片经营之间的现实难题。先把全村耕地的经营权统一流转给合作社,优先满足本村村民的耕种愿望,但耕种的不一定是自家承包地,面积也不限于自家承包面积,而是集中连片安排,再把剩余的耕地作为企业生产基地流转给绿能公司,合作社与企业的流转合同三年一签,且留有一定的调整空间,以应对农户自己耕种面积的年度变化需求,但坚持位置相对固定、集中连片原则,在空间上形成了相对稳定的企业生产基地和农户自种耕地的两大区域,涉及相互间的面积调整只是在交界处进行,以满足农户自耕的动态需求和企业相对稳定的经营权。

3. 以形式多样激发协同活力

针对不同群体农户的各自需求,绿能公司提供了订单生产、流转、半托管、全托管等多种协同形式。自种村民可与企业签订收购合同,企业通过品种选择标准化、种植管理标准化、生产流程标准化保障稻谷品质,并承诺以高于市场价格的10%收购稻谷;流转农户可获取租金,若到企业务工可获取基础薪金和超产奖金,以及60元/亩的流转协调金,其中租金年初支付,消除流转户的风险顾虑,而流转协调金类似于耕地流转工作配合奖励金,若出现无故阻工、刁难流转工作,村合作社可视情况相应核减(2018年所有农户的流转协调金均足额支付);半托管农户的种植品种、田间管理和产品销售,由农户自主决定,公司以低于市场价格的30%提供各类服务;全托管农户则从购买种子、化肥、农药,到机耕、机插、机收、稻谷烘干的全过程托管服务,公司收取一定的托管费用。

4. 以先进科技降本增效保障协同效益

绿能公司针对乐安的土壤环境与气候条件,积极推广先进农业科技,形成了统一的优质水稻种植生产管理模式,引进了野香优莉丝优良品种,100%推行测土配方施肥技术和无人机生物药剂的统防统治病虫害技术,改"中稻+油菜"为"中稻+再生稻+油菜",推广早稻直播技术,等等,从而减少了劳动强度、保障了耕地经营效益。如早稻直播每天可完成20亩的播种面积,而传统的抛秧只是3~5亩;同样是优质稻,野香优莉丝的市场价是1.55元/斤(1斤=0.5千克),而传统的泰优390是1.3元/斤。

(二)主要成效

1. 农户种粮增收明显

耕地流转户除了租金和流转协调金收入外,还可以到企业参与管理,每个劳动力最多可管理150亩耕地,按照20元/(亩·月)的标准计算工资(发放10个月),若夫妻两人管理300亩,基础年薪6万元。还有超产奖金,超产稻谷按1.0元/斤、油菜按2.0元/斤奖励。公溪镇荷陂村村民罗新根2018年夫妻俩在绿能公司承担了100亩耕地的管理任务,负责看水、施肥、打药,年收入达到9.4万元,包括2万元的管理底薪和7.4万元的超产奖金。而自耕农户,经营所需的种子、化肥、农药以及生产服务,均只需在绿能公司记账,待公司收购稻谷后统一结账,既解决了小农户融资难题,也有效地降低了市场风险。公溪镇陈家村60岁的陈爱华2018年经营了21亩耕地,与绿能公司签订了托管协议,除了人工投入,不需要任何资金投入,且能确保化肥、农药的质量,也不愁稻谷销售,还能享受每亩低于市场价25元、40元和10元的整地、收割和植保服务,仅这3项就节省了1 575元的生产成本,加上高于市场价0.2元/斤收购,比往年增收了近万元。

2. 村集体经济有了稳定的收入来源

绿能公司每年支付100元/亩给村集体，用于相关协调工作的开展。新居村村委会的陈支书算了一笔账：2017年全村只有10万元转移支付的收入，全年运转下来还增加了村债务2万元，2018年，除了转移支付，还获得了5万元的耕地流转工作费用，加上光伏产业扶贫收入4万元，村级财政得到很大的改善，把村小组长的津贴由每年500元增加至1 200元，还针对村民电动车多的现象，在村庄主要路段铺设了减速带，有效地减少了交通事故。

3. 企业品牌经营有了稳定的原料保障

借助乐安良好的生态环境，绿能公司成功申报了"乐安山泉"大米品牌，并开发了旗下系列产品，开创线上线下产品销售渠道，取得了良好的品牌效益，开创了乐安县良好生态环境点"绿"成"金"的实现路径。而通过订单生产、流转、半托管、全托管等多种协同形式，依靠统一的优质水稻种植生产管理，确保了大米精细加工的高品质原料供应，进而维持了绿能公司的正常运转。

4. 耕地生态环境得到明显改善

以测土配方施肥技术和生物药剂的统防统治病虫害技术为代表的先进技术推广，实现了化肥农药的"双减"目标，不仅节省了生产成本，更促进了耕地生态的恢复，有利于耕地资源的可持续利用。以施肥为例，当地传统水稻种植的施用习惯是每亩100斤复合肥（底肥）+7斤尿素+60斤复合肥（分蘖肥），而企业推行的施肥是40斤配方复合肥（底肥）+20斤尿素+40斤配方复合肥（分蘖肥），总量减少了67斤。当地村民普遍反映，这一年多来，泥鳅、黄鳝明显增多，甚至出现了多年不见的农田小鲫鱼。

二、主要启示

乐安县构建的企业与农户协同新机制，不仅充分利用了现代企业的资金、技术、管理与市场开拓等优势，还激发了小农户参与现代农业发展的主人翁精神，村民积极配合企业工作，村集体主动开展农田基础设施维护，以留住绿能企业，企业也尽力为广大村民提供各类生产服务与管理,现代企业与广大农户形成了相互依存、共荣共赢的命运共同体。乐安的实践为江西省筑牢粮食生产基础提供了积极的启示。

1. 正视不同农民的需求,构建多样化的协同关系

现阶段的小农户已不再是完全依赖于耕地生存的传统农户,而是形成了以种田为主要收入的纯农户、"农忙在家务农、农闲外出打工"的兼业农户和长年在外打工的非农就业农户,并表现出明显的不确定性,今年外出打工,也许明年就回家种地,不同类型的农户表现出对企业协同的需求不同。因此,必须正视农民各类需求并存的客观现实,尊重民意,不搞"一刀切",改变一味追求以经营权流转实现规模经营的惯性思维,构建协同方式多样化的企业携手农户共同发展的新机制。绿能公司正是针对这些差异化的现实需求,提供了订单生产、流转、半托管、全托管等多种协同方式,才得到了广大村民的广泛支持。

2. 鼓励"村社合一",发挥村组织的凝合剂作用

现代农业企业与小农户的关系,不是单纯的经济利益,还受到外部政策激励和习俗等非正式的社会关系影响,离不开村组织的有效协调。乐安县"村社合一"是一个成功的做法,合作社可依据《中华人民共和国农民专业合作社法》在耕地流转等具体事务上开展工作,也容易构建起农民与企业的信任关系,而村委在保障双方合作秩序、降低双方协同成本上具有得天独厚的优势,特别是耕地流转合同采取村民与合作社签订、合作社再与企业签订的形式,也增加了村委在耕地流转管理中的责任心。现实中,村委也切实在灌排水协调、农村道路维护和家禽家畜管理上发挥了关键性作用。因此,应积极鼓励"村社合一",为现代企业与农户的协同奠定组织基础,发挥凝合剂作用。乐安"绿能"模式的成功,"村社合一"的作用功不可没。

3. 培育善于经营的现代农业企业,确保协同机制的活力

盈利是企业的本能,也是企业生存的前提,正因为企业的盈利,才能通过利益共享机制传导给广大农户和村集体,使农户增收,集体经济实力壮大。农产品既要产得好,更要卖得好,绿能公司之所以能在

粮食生产难以盈利的背景下得以不断生存壮大，归功于企业精打细算的经营理念，注重每个环节的效益把控，包括以规范生产与管理确保产品质量、以规模生产降成本、以经营"乐安山泉"大米获品牌效益、以碎米和米糠利用获取大米加工的盈利空间、开创线上线下产品销售渠道。因此，企业的经营能力是决定企业与农户协同机制活力的关键。各地在现代农业企业的引进与培育中，应突出企业自身的经营理念、管理水平，以及抗风险能力。当然，不可能每一个地方都能培养出善于经营的现代农业企业，通过现代企业的联盟也是一种有效方式。江西省乐安绿能农业发展有限公司和江西绿能农业发展有限公司虽然是两个公司，但二者的经营、管理理念是相通的，甚至在生产服务与管理模式上都相互借鉴，已表现出了企业联盟优势。

4. 改革扶农支农方式，提高政府扶持实效

政府对粮食生产的支持是国家扶农支农政策的重点，但要注重扶持效果。对于企业携手农户共同发展的扶持，首先要丰富农田基础设施建设支持方式，提高高标准农田建设的实效。农业设施基础差仍然是制约农业现代化的最大"瓶颈"，2018年以托管形式与绿能公司合作经营1 400亩耕地的郭乐荣说，为了保障灌溉用水，不得不拉上1 800米的抽水管，收获的稻谷还得肩扛手提；绿能企业一年因泥坑吞陷各类机械而产生的吊车使用费近50万元（每次出车500元），建议对于绿能这样的粮食生产现代农业企业，允许其根据生产需求先行投入农田基础设施建设，达到建设标准后，按国家投资额度给予奖励。其次要帮助企业解决融资难问题。涉农企业具有季节性流动资金需求量大等特点，收获期的现金支出是巨大的，对短期性的金融支持需求迫切，但由于企业可供银行抵押的物品并不多，建议探索以企业仓储粮食为抵押物的融资方式。最后要支持企业的品牌创建。品牌经营是粮食企业获得市场竞争力的关键，但品牌创建是一个系统工程，其中政府的力量至关重要。绿能公司的郑总表示，没有当地政府倾力支持，"乐安山泉"大米品牌是不可能获批的。

> **附件 3**：学术期刊论文《如何构筑龙头企业与小农户命运共同体？——基于江西乐安"绿能"模式的实践分析》（附录 5），刊发于《中国软科学》，2020 年第 5 期

二、案例剖析

本次社会调研之所以能取得成功，可以归纳为以下 4 个因素：一是抓住了社会的热点问题。2019 年 2 月，国家出台了《关于促进小农户和现代农业发展有机衔接的意见》，针对小农户家庭经营是我国农业基本面的现实，在农业现代化过程中，如何处理好培育新型农业经营主体和扶持小农户的关系，让党的农村政策阳光雨露惠及广大小农户，成为当时"三农"问题的热点问题，迫切需要相应的成功案例来提供借鉴，而江西省乐安绿能农业发展有限公司入驻当地，构筑龙头企业与小农户的命运共同体，较好地实现了小农户和现代农业发展的有机衔接，很值得总结。二是调研深入系统。调研组先后 5 次深入乐安实地调研，调研方式多种多样，不仅召开了不同人群参与各类座谈会 5 次，还访谈了大量村民、企业员工、当地政府工作人员等利益相关者。三是调研准备工作充分。在调研开展之前，调研组阅读了大量相关文献，对构筑龙头企业与小农户的命运共同体中的各种问题、关注点、难点进行了梳理，并形成了较为全面的调研方案。四是调研持续跟踪进行。在实地调研、调研资料整理、调研成果的撰写整个过程中，调研组都与地方保持了畅通的联系，对于调研的疑问及时电话联系得到解答，对于成果中总结的每个观点，也充分征求当地的意见，确保总结不偏离实际。

第 5 章 学术期刊论文

学术期刊论文是正式出版的期刊上所刊载的学术论文,它既是对某个科学领域中的学术问题进行研究后的研究成果,也是衡量一个人学术水平和科研能力的重要标志,是很多领域晋升职称的重要依据。

尽管并不是所有研究生获得相应学位都需要发表学术期刊论文,但掌握学术期刊论文的写作,不仅对学位论文撰写有帮助,更对学生未来工作中相应成果的产出大有裨益。

5.1 学术期刊论文的主要特征

学术期刊论文是某一学术课题在实验性、理论性或观测性上具有新的科学研究成果或创新见解和知识的科学记录,或是某种已知原理应用于实际中取得新进展的科学总结,是在前人已有知识的基础上提供新知识,具有学理性的文章,通过在期刊公开发表,以供学术界交流和社会实践参考。

学术期刊论文在理论上可分为纯理论论文和实证性论文两类。纯理论论文是对研究对象展开带有机理性的、趋势性的或规律性的论证,从某一侧面对问题展开一定深度和广度的分析和研究,提出自己的理论见解和观点。这类论文并不一定要进行实证分析,也不一定要有数据或相应的素材支撑,但需要作者具有深厚的理论功底和严密的论证逻辑思维,往往是知名学者才能完成的。而实证性论文是对观察到的社会现象,运用相关的数学模型和计量、统计分析方法来对采集的数据进行样本检验,以佐证某个命题或结论是否成立。这类论文强调以数据说话,以实证资料为依据进行分析,而不是主观性的判断。当然,现实中也不能把理论论文和实证论文绝对分开,大多数学术期刊论文还是理论和实证相结合的论文。无论什么类型的学术期刊论文，都有以下主要的共性特征。

5.1.1 科学性

科学性是期刊学术论文的本质，包括研究和写作中的科学态度、科学方法、科学精神，以及论文内容的科学性，其中科学态度、科学方法、科学精神是保障论文内容科学性的前提。客观是科学性的基础，论文分析要实事求是，展现在读者面前的论文必须真实、可信、准确，作为自然科学的学术论文应可以进行重复验证，即读者根据论文所介绍的技术方法与手段，重复相应的实验，能得出一致的研究结果；而社会科学则研究素材可追溯，即用于支撑研究的各类素材，包括问卷调查、个别访谈、座谈会、典型案例，可以追溯到源头，用于证明其研究不是凭空捏造。学理是科学性的根本，之所以是学术论文，就是建立在相应学术理论之上的文章，是以坚实的科学研究为基础，对现象的规律分析归纳，具有严谨的逻辑推理，而不是经验式的总结，这也是期刊学术论文与调研报告、工作总结、感想体会、宣传报道，或教材、文学作品的根本区别所在。

5.1.2 创新性

创新是学术论文最重要的特质，也是学术论文价值最集中的体现。没有创新点，就不能公开发表，也就不能成为学术论文。当然，创新是相对的，可以是发现或提出前人尚未研究过的新问题，进行开创性研究，也可以在前人已有成果的基础上，深化、推进已有研究，或发展性研究，包括提出新观点，提供新材料，采用新方法，作出新论证等。因此，在学术论文撰写中，一定要把论文的创新点展示给评审专家，才能顺利通过评审。

5.1.3 学科性

不同学科涉及的研究领域或研究角度不同，对应不同学科的学术期刊也就形成了具有自身学科内涵的特色。同样一个研究课题，不同的学科可以引申出不同的科学问题，如农村宅基地制度改革，既可以从管理学角度对宅基地管理的制度规范与效率进行研究，也可以从经济学角度对宅基地利用效益进行研究，或从社会学角度对宅基地公开分配和促进社会治理进行研究。总之，对某一课题进行研究时，一定要纳入相应的学科之中，并运用该学科的理论、方法进行研究。当然，拟投稿的目标期刊也要选择对应的学科期刊。

5.1.4 规范性

规范性既包括在符合学科本身要求的边界范围内、以该学科特定的概念或范畴来解说问题以阐述自己的思想,也包括符合目标期刊的规范,因为每种期刊对其论文的格式都有单独的要求,这就是期刊的格式规范。规范性除了表现在格式上,更多地表现在具体内容中,如论证与推论的严谨、研究理论假设的合理、研究方法的适用、研究数据的真实、论文结构逻辑关系的清晰、学术论文基本要素的齐全、图表的清晰可靠、专业术语表述的准确、文献引用的精准,等等。

5.2 学术期刊论文的主要组成

尽管不同学术期刊论文有其个性化的要求,但基本上都是由标题、作者、作者单位、摘要、关键词、正文、参考文献组成。其中标题要具有吸引力,最好能把拟解决的科学问题反映在其中,或者观点标题化,即把学术观点直接在标题中反映;摘要是一个独立的短文,一般300字左右,是对论文核心内容简明、确切地提炼,包括研究目的、方法、内容、结果与结论等要素,要反映论文的实质性内容和论文的创新性;正文是学术期刊论文的主体,包括引言、论证、研究结论与讨论等内容。

5.2.1 引 言

引言作为学术论文正文的第一部分,一般需要以一定的篇幅介绍论文的写作背景和目的,介绍前人的已有研究成果及存在问题,指出本研究的思路方法及对解决相关问题的意义。可按"现实需求—现象观察—文献综述—引出研究问题"的逻辑撰写。其中现实需求,就是选题的背景与意义,说明本论文具有研究价值;现象观察就是明确需要解决科学问题的具体表现,即阐述现实中存在需要开展研究的内容;文献综述就是针对提出的需要研究的内容,介绍已有的研究动态,旨在说明目前的研究还未解决现实中需要解决的问题,进而引出问题研究的必要性。

引言一定要开门见山、直入主题。避免对研究背景及已有成果的长篇大论,常识性内容不应过多解释,切忌教科书式的内容。而文献综述则要对前人研究成果进行高度凝练和总结,不可笔记式地罗列观点。对于论文选题研究的意义,要尊重科学,恰如其分、实事求是地评价,不宜使用

"国内首创""填补空白""国内领先"等不适当的自我评价,也不宜使用"水平有限""抛砖引玉"等过于谦虚的词语。

案例 5-1 是《不同区位村庄宅基地超占面积的农户退出意愿——基于江西省 21 县(市、区)131 村的实证》一文引言内容修改前后的对比分析。

案例 5-1 学术期刊论文的引言

一、案例介绍

不同区位村庄宅基地超占面积的农户退出意愿
——基于江西省 21 县(市、区)131 村的实证

引言(修改前)

"公平"是推行宅基地制度改革和规范宅基地管理的核心准则,"一户一宅,面积限定"是我国宅基地制度的基本原则。由于各类原因,农村"一户多宅"和面积超标现象普遍存在,既包括长期以来村镇规划的不完善、不科学,甚至缺乏农村居民点的整体规划,也包括农村宅基地传统存在院落、晒场以及室外厨房、独立茅厕等附属建筑,兼用于生产生活,占地规模大,甚至有攀比的虚荣心理,"视为己有""不占吃亏"等投机心理,因管理欠缺、执法不严而形成,还包括在特定条件下"合法"形成的,如一些地方为加快征地拆迁,存在"拆一补多",或在鼓励发展"马路经济"时期,充分让农户沿路多建住宅。随着社会的发展以及城乡融合的推进,宅基地院落和附属建筑的功能在逐渐减弱,利用率极低。宅基地面积超占带来了资源浪费、人地矛盾加剧、公平性欠缺、管理难度升级、观念风气误导等问题,与我国宅基地公平使用、规范管理以及资源集约节约利用等要求相悖,对宅基地制度改革的推进、和美乡村的建设产生了影响,为人居环境的改善增加了阻力。

随着宅基地价值构成的不断丰富以及农户对宅基地主导价值需求的增加,宅基地资源配置效率下降,导致公平环境的缺失。宅基地超占面积的退出是体现"公平"的内在要求,也是当前各地推进宅基地改革的

主要内容。2020 年国家《深化农村宅基地制度改革试点方案》中提出探索宅基地自愿有偿退出机制，对不符合现行有关法律和政策规定的"一户多宅"、面积超占等问题，区分不同情形处理。2022 年中央一号文件《中共中央　国务院关于做好 2022 年全面推进乡村振兴重点工作的意见》中提出稳慎推进农村宅基地制度改革试点。在新一轮农村宅基地制度改革试点的背景下，制定差异化宅基地退出政策对于宅基地制度改革的推进、乡村振兴战略实施具有重要意义。

　　近年来，宅基地超占的研究多集中在其超占原因、有偿使用等方面。宅基地退出的研究较多，研究内容上，主要聚焦退出机制、退出意愿、退出决策、退出补偿等方面；研究角度上比较多样，如家庭生命周期、代际差异、社会网络视角等；研究方法上，主要采用 Probit、Logistic 和 Logit 模型。研究表明，宅基地退出意愿在不同区位村庄存在差异，但是对不同区位村庄宅基地超占面积的农户退出意愿研究还不够系统。因农村存在乡村异质性，村庄因地理区位不同，宅基地的价值构成具有区域分异性，宅基地供需矛盾存在差异，农户宅基地主导价值需求、资源配置理念也存在差异，从而制约着宅基地资源配置效率，不同区位村庄农户对于宅基地超占面积的退出意愿及其影响因素有所不同。在实践中，不同地区宅基地的规范要求各不相同，农村宅基地制度改革受到区位的较多影响，要注意宅基地区位级差效应，因地制宜、分类推进。因而开展不同区位村庄宅基地超占面积的农户退出意愿及其影响因素研究，综合把握不同区位村庄农户宅基地超占面积退出意愿的规律，对于因地制宜、分类制定宅基地退出政策具有重要指导意义。

　　江西是一个传统的农业大省，调研发现宅基地超占现象较严重，且不同区位村庄农户的资源禀赋、宅基地价值认知、村庄发展理念等存在差异，影响着农户宅基地超占面积的退出意愿。基于此，本研究以江西农业大学与江西省农业农村厅、江西省自然资源厅、江西省住房和城乡建设厅联合开展的《江西省农村宅基地改革与规范管理专题调研》为基础数据，将调研村庄分为城郊型、一般型、边远型三类，结合"宅基地价值构成—主导价值需求—配置效率"理论框架确定核心变量，剖析不同区位村庄农户对宅基地超占面积的退出意愿及其影响因素，以期在宅基地制度改革过程中充分尊重不同区位村庄农民意愿，保障不同区位村庄农民利益，为制定差别化宅基地自愿有偿退出政策提供参考，以分类推进宅基地制度改革。

引言（修改后）

"公平"是推行宅基地制度改革和规范宅基地管理的核心准则，"一户一宅，面积限定"是我国宅基地制度的基本原则。目前农村"一户多宅"和面积超标现象普遍存在，究其原因，既有长期以来村庄规划的不完善、不科学，也有因兼用于生产生活的传统需求而形成院落和附属建筑，或管理欠缺、执法不严，还有在特定条件下"合法"形成的，如一些地方为加快征地拆迁，存在"拆一补多"，或在鼓励发展"马路经济"时期，允许让农户沿路多建住宅。随着社会的发展以及城乡融合的推进，宅基地院落和附属建筑的功能在逐渐减弱。宅基地面积超占带来了资源浪费、人地矛盾加剧、公平性欠缺、管理难度升级等问题，与我国宅基地公平使用、规范管理以及资源集约节约利用等要求相悖，严重制约着宜居宜业和美乡村的建设，成为宅基地制度改革的主要阻力。

随着宅基地价值构成的不断丰富以及农户对宅基地主导价值需求的增加，导致因宅基地超占而引发的不公平日益成为影响农村社会和谐的主要因素。宅基地超占面积的退出是体现"公平"的内在要求，也是当前各地推进宅基地改革的主要内容。2020年国家《深化农村宅基地制度改革试点方案》明确提出要探索宅基地自愿有偿退出机制，对不符合现行有关法律和政策规定的"一户多宅"、面积超占等问题，区分不同情形处理。

近年来，针对宅基地退出的研究较多，主要聚焦于退出机制、退出意愿、退出决策、退出补偿等方面，研究角度比较多样，如家庭生命周期、代际差异、社会网络视角等，不少研究表明，宅基地退出意愿在不同区位村庄存在差异。而对宅基地超占的研究并不多，主要集中在超占原因、有偿使用等方面，对不同区位村庄宅基地超占面积的农户退出意愿研究鲜见报道。因农村存在乡村异质性，村庄因地理区位不同，宅基地的价值构成具有区域分异性,宅基地供需矛盾存在差异,农户宅基地主导价值需求、资源配置理念也存在差异,导致不同区位村庄农户对于宅基地超占面积的退出意愿及其影响因素有所不同,是推进宅基地制度改革需求考虑的重要因素。因此,开展不同区位村庄宅基地超占面积的农户退出意愿及其影响因素研究,综合把握不同区位村庄农户宅基地超占面积退出意愿的规律,对于因地制宜、分类制定宅基地退出政策具有重要指导意义。

江西是一个传统的农业大省,调研发现宅基地超占现象较突出,且不同区位村庄农户的资源禀赋、宅基地价值认知、村庄发展理念等存在差异,影响着农户宅基地超占面积的退出意愿。基于此,本文利用江西省农村宅基地调查数据,将调研村庄分为城郊型、一般型、边远型三类,结合"宅基地价值构成—主导价值需求—配置效率"理论框架确定核心变量,剖析不同区位村庄农户对宅基地超占面积的退出意愿及其影响因素,以期在宅基地制度改革过程中充分尊重不同区位村庄农民意愿,保障不同区位村庄农民利益,为制定差别化宅基地超占面积的退出政策,进而分类推进宅基地制度改革提供参考。

二、案例分析

从引言的内容结构来看,逻辑还是比较清楚的。第一段在简要介绍宅基地超占面积的形成背景基础上,提出迫切需要改变"'一户多宅'和面积超标现象"的现实需求;第二段提出"要探索宅基地自愿有偿退出机制,对不符合现行有关法律和政策规定的'一户多宅'、面积超占等问题,区分不同情形处理"的现象观察;第三段对相关研究进行了简要综述;第四段引出"利用江西省农村宅基地调查数据,将调研村庄分为城郊型、一般型、边远型三类,结合'宅基地价值构成—主导价值需求—配置效率'理论框架确定核心变量,剖析不同区位村庄农户对宅基地超占面积的退出意愿及其影响因素"的研究问题。

对比修改前后的引言,可以发现,修改前的引言较为累赘冗长、不够精练,修改后字数由 1 500 多字减至不到 1 200 字,在表述上更加简洁明了,如"由于各类原因,农村'一户多宅'和面积超标现象普遍存在,既包括长期以来村镇规划的不完善、不科学,甚至缺乏农村居民点的整体规划,也包括农村宅基地传统存在院落、晒场以及室外厨房、独立茅厕等附属建筑,兼用于生产生活,占地规模大,甚至有攀比的虚荣心理,'视为已有''不占吃亏'等投机心理,因管理欠缺、执法不严而形成,还包括在特定条件下'合法'形成的,如一些地方为加快征地拆迁,存在'拆一补多',或在鼓励发展'马路经济'时期,充分让农户沿路多建住宅",这一句话过长,信息量过多且分层不够分明,后修改为"目前农村'一户多宅'和面积超标现象普遍存在,究其原因,既有长期以来村庄规划的不完善、不科学,也有因兼用于生产生活的传统需求而形成院落和附属建筑,或管理欠缺、执法不严,还有在特定条件下'合法'形成的,如一些地方为加快征地拆迁,存在'拆一补多',或在鼓励发展'马路经济'时期,允许让农户沿路多建住宅",对造成宅基地超占面积的原因进行了梳理归类。而把"宅基地面积超占带来了资源浪费、人地矛盾加剧、公平性欠缺、管理难度升级、观念风气误导等问题,与我国宅基地公平使用、规范管理以及资源集约节约利用等要求相悖,对宅基地制度改革的推进、和美乡村的建设产生了影响,为人居环境的改善增加了阻力",修改为"宅基地面积超占带来了资源浪费、人地矛盾加剧、公平性欠缺、管理难度升级等问题,与我国宅基地公平使用、规范管理以及资源集约节约利用等要求相悖,严重制约着宜居宜业和美乡村的建设,成为宅基地制度改革的主要阻力",是因为本研究的内容是聚焦于宅基地改革,而不是人居环境的改善,且"宜居宜业和美乡村建设"是最新的提法。把"宅基地超占的研究多集中在其超占原因、有偿使用等方面。宅基地退出的研究较多,研究内容上,主要聚焦退出机制、退出意愿、退出决策、退出补偿等方面;研究角度上比较多样,如家庭生命周期、代际差异、社会网络视角等;研究方法上,主要采用 Probit、Logistic 和 Logit 模型。研究表明,宅基地退出意愿在不同区位村庄存在差异,但是对不同区位村庄宅基地超占面积的农户退出意愿研究还不够系统",修改为"针对宅基地退出的研究较多,主要聚焦于退出机制、退出意愿、退出决策、退出补偿等方面,研究角度比较多样,如家庭生命周期、代际差异、社会网络视角等，不少研究表明，宅基地退出意愿在不同区位村庄存在差异。而对宅基地超占的研究并不多，主要集中在超占原因、有偿使用等方面，对不同区位村庄宅基地超占面积的农户退出意愿研究鲜见报道"，既是对文献更加客观的评述，也使文献内容更加条理化。其他的修改，主要使表达更加准确，特别是避免口语化的表述。

注：本文发表在《中国土地科学》2023年第3期。案例中省略了参考文献的标注。

5.2.2 论 证

不同类型的学术期刊论文，论证的内容组织有所区别。纯理论论文的论证组织完全取决于作者的推理逻辑，不同的理论观点阐述有不同的推理思路，没有固定的模板。实证性论文有相应的模板可借鉴，论证一般包括理论假设或理论分析框架的构建、数据来源、模型运行与结果分析三大块内容。

理论假设或理论分析框架的构建，是运用有关理论，依据一定的科学原理和事实，结合以往的经验和初步掌握的情况，对拟研究问题的因果关系或者规律性作出一种假定性的解释，对科学研究的问题提出猜测性、尝试性方案的说明方式，或构建一个因果分析框架，是整个论文的逻辑分析体系。无论是理论假设，还是理论分析框架的构建，都要与研究中因变量、自变量的选取和分析模型的选择相呼应，切忌理论假设与数据分析"两张皮"。

数据来源，主要是介绍数据的出处，并确认其可信性。数据来源可以直接调研或通过实验获得，也可以是间接数据的运用，但间接数据一定要确保其权威性和公信力，一般可采取政府或部门的统计年报或数据公报，也可采取学术界公认的数据源，但若涉及其他课题组的调研数据，必须得到授权使用。直接调研数据应介绍其获得的路径、方法，如果是问卷抽样调查数据，一定要介绍调研对象的界定、抽样的方式方法、样本的数量及其基本特征，确保调查样本具有研究对象的典型代表性。当然，样本的数据必须达到分析问题所需要的量，特别是要满足所选定量分析模型的基本数据要求。

模型运行与结果分析，是运用相应的定量模型对数据进行分析，并对模型运行结果进行解释。定量模型的选取不能一味追求复杂、新颖，关键是对于解决问题的适用。一方面，要根据所收集的数据及其特征，选取相适应的定量模型，另一方面，要根据所解决科学问题的要求选取相应的定量模型。对于模型的计算过程，不必用大篇幅的文字去介绍，目前这些模型的计算都是运用计算机自动完成的，但应简要介绍模型的机理，让审稿专家评判其适用性。对于模型运行结果的分析，不能停留在数字游戏上，即就数字解释数据，而要运用相关专业知识，紧扣理论假设，进行相应的解释，特别是因果关系的解释。如果出现与理论假设不一致的结果，更应深入分析原因。

5.2.3 研究结论与讨论

研究结论与讨论是学术期刊论文创新性成果的主要表现形式，也是论文研究的精华和价值所在。要回应引言中提出的科学问题，与引言前后呼应，若对于引言中提出的问题不能完全解决，既可以考虑修改引言，缩小所提出的问题，也可以以讨论的形式，对论文研究中存在的不足给予客观的解释，并在此基础上提出研究展望。

研究结论一定是根据模型运行结果得出的，是研究结果的升华，而不是研究结果的简单重复。讨论可以是政策启示或政策建议，但侧重点不同。若是讨论，可以是针对论文研究中的不足给予解释，也可以是与文献研究的不同结论的对比解释，还可以是对理论假设不相符内容的解释。而政策启示或政策建议，主要是根据研究结论，回应研究问题，提出相应的具体政策应用，必须体现针对性和可操作性，切忌泛泛而谈、夸大其词，更不能罗列诸如加大宣传、提高认识、加大投入、强化监管、鼓励创新等"放之四海皆准"的对策，这些措施不需要研究也是大家认同的，缺乏实际应用价值。

5.3 学术期刊论文的撰写技巧

要写好学术期刊论文，多看、多想、多练是根本前提，要完成一篇好的学术期刊论文，科学的选题是前提，扎实的学科理论与学术知识是基础，坚实的科学研究是关键，较强的写作能力和文字功底是保障。但学术期刊论文撰写也有一定的技巧可借鉴。

5.3.1 充分的文献综述

充分的文献不仅可以保证论文研究内容的前沿性和创新性，也可以扩展研究思路，有利于丰富论文内容。文献参考不仅可以直接在引言上应用，也可以在结果分析和讨论中借鉴。

5.3.2 认真剖析一篇高质量范文

学术期刊论文有其自身的撰写规律与要求。作为新手，要从模仿开始，而模仿的前提就是认真剖析一篇高质量范文。范文最好从拟投稿的目标期刊中选择，因为不同期刊的风格有所区别，从目标期刊中选范文，有利于所撰写论文在规范上与目标期刊保持一致。是否为高质量范文，可以结合作者的知名度、论文下载与引用的情况综合判断。

高质量范文的剖析，要比文献精读更深一层次，不仅要对论文选题、标题的确定、摘要内容的组织、引言的撰写、数据的获取方法与可信度的保证、分析方法的选用与适用性、模型结果的分析、研究结论与讨论等每个部分进行深入细致分析，更要在整体结构框架上进行系统分析，学会如何做到前后呼应、浑然一体。通过范文剖析，针对研究对象的特征，逐步形成提出问题、分析问题、解决问题的逻辑思路，进而运用在自己的论文写作之中。

5.3.3 遵循 10/30 规则

只有公开发表了，才能成为学术期刊论文。论文的发表往往要通过"初审—外审—终审"的三审制，其中外审是最关键的一环。

尽管每个外审专家的审稿风格有所不同，但 10/30 规则基本上是大家都认可的一个规律。即专家在审阅稿件时，必须在 10 分钟内搞清楚研究意义与问题，30 分钟内理解研究全部工作并作出决定。因为专家往往都比较忙，在论文审阅过程中，一般是快速地浏览。如果阅读 10 分钟后，还不能明白论文的研究意义及拟解决的科学问题，那么很可能会得出论文选题价值不高的结论；在认可研究意义的基础上，若 30 分钟内不能全面了解研究思路、研究内容与研究方法，以及研究结果与研究结论，把握研究的创新点或研究价值的具体体现，也很有可能作出评审不通过的决定。

因此，学术期刊论文定稿以后，要自己先行评判一下，能否从论文表述上实现10分钟内搞清楚研究意义与问题，30分钟内理解研究全部工作，而不能指望外审专家去琢磨，更不能寄希望于专家归纳论文的价值、创新之处。

为了提高外审的通过率，可以先自行审稿。虽然不同学术期刊对具体的审稿内容有所区别，但总体上，一般包括以下内容：政治导向是否正确、题名是否文题相符、中文摘要是否基本要素齐全、英文摘要是否语法正确、研究方法与技术是否先进可行、研究数据是否真实可靠、研究结论是否可信、论文结构是否完整协调、文字是否流畅通顺、研究是否价值明显、参考文献是否权威和现势。在定稿之前，可以自己逐项进行评审，对于存在问题的或难以作出明显判断的，要及时修改完善。

5.3.4　多样化的表达方式

论文的可读性也是衡量一篇好学术期刊论文的一个指标。论文的可读性除论文结构清晰、层次分明、条理清晰、逻辑性强、文字流畅外，还必须考虑表现形式的多样化。

适当增加图表是多样化表达的重要方式，图表可以为读者提供最直观的内容，图表制作必须简洁明了、重点突出、要素齐全，并配有相应文字说明或解释，且图表的表达要与目标期刊的风格相吻合。

在正式提交投稿之前，一定要认真仔细地阅读和使用期刊的投稿须知，确定拟投文章的栏目及格式，包括行间距、页面布局、页边距、参考文献及图表格式，并反复阅读修改，避免出现低级错误，形成在形式上的完善稿，从而给编辑留下好的印象，确保稿件通过初审。

5.3.5　尊重并合理吸纳审稿意见

一篇好的学术期刊论文是在不断的修改完善中形成的，既包括自己对论文的修改，也包括吸纳外审专家意见的修改。目前绝大多数期刊都采取"双盲审"制，即审稿人不知道作者是谁，作者也不知道审稿人是谁，双向匿名。"双盲审"能确保审稿的客观公正，专家在审稿中，能客观地提出意见，作出公正的决策建议。外审结果一般包括"尽快发表""正常发表""修改后发表""修改后再审""退稿"，如果没有明显的硬伤，"修改后发表"和"修改后再审"最为常见。对于选题新颖、见解独特、创新明显、论证严谨、方法运用得当、应用价值强的论文发表可能性大，相反，选题价值小、重复研究、论证不严谨、方法不合理、实用性小的论文，往往不可能发表。

吸纳外审专家意见的修改过程，其实也是不断提高自己的论文写作能力和科研水平的过程，要不厌其烦地一次一次修改完善，修改越多，往往就离发稿越近。对审稿意见要十分尊重，对每一条批评和建议，都要认真分析，并据此修改论文。

要理性看待审稿人的负面意见，绝大多数的外审专家都是认真负责的，当然可能存在审稿人由于知识的限制和某种成见，甚至学术观点的不同，出现判断错误。不能认为外审专家是成心地作对，要极其慎重和认真地回答，可以有理有据地与审稿人探讨。对于被拒绝的论文，要认真分析被拒绝的理由，如果选题具有明显意义但由于数据或分析有严重缺陷，则要等到找到更广泛的证据支持或有了更明晰的结论，经过修改后可以再投；如果被拒绝的论文是重要性或创新性不够，则可以吸纳审稿人意见对文稿进行认真修改后，投往影响因子较低的学术刊物。

5.4　学术期刊论文撰写的案例分析

学术期刊论文从构思到正式发表，是一个不断调整论文框架、观点凝练、文字打磨、格式规范的漫长的过程，经历可能是痛苦的，但收获一定是满满的，这是自我磨炼成长最快的阅历，对于提高文字功底、逻辑思维和写作能力具有很大的帮助。即使最终论文不能如愿公开发表，也是一个很好的锻炼过程。因此，作为研究生，一定要去尝试撰写学术期刊论文。

以下是以笔者课题组发表在《中国人口·资源与环境》2019 年第 2 期的《农户分化、代际差异对生态耕种采纳度的影响》为例，进行案例分析与分享。

案例 5-2　论文《农户分化、代际差异与生态耕种行为采纳度——基于江西省 2 068 份问卷为例》的发表

一、案例介绍

2018 年 2 月初，主要执笔人形成论文初稿（附后），课题组集中讨论，提出如下完善意见。

1. 全文的逻辑主线需要进一步明晰。

2. 在引言中应明确为什么要研究农户生态耕种行为的采纳度？为什么要从农户分化和代际差异两个角度来研究？

3. 对于"农户生态耕种行为的采纳度"的内涵界定和衡量指标的选择应重点论述，目前"农户生态耕种行为采纳度取决于其生态性投入行为和非生态性投入行为的差序"的论断值得推敲；为什么可以从"认知态度、意愿态度和行为态度3个维度进行衡量"？什么是"农药器具处理方式"？"农药器具"与"农药残留物"是有区别的，农药器具是指喷药器之类的用具，不可能用一次就丢弃。

4. 本文基于"新古典经济学和行为经济学的理论"，那么"新古典经济学和行为经济学理论"的核心是什么？在本文的研究中是如何体现的？

5. 2 068份问卷的数据获取应统一说法。

6. 结论与政策启示应紧扣模型运行的结果。

7. 参考文献过多，应删除一些低级别的期刊论文。

2018年3月30日，形成定稿，投往《中国人口·资源与环境》编辑部。

2018年5月30日，收到编辑部反馈的审稿意见，如下。

1. 论文分析农户生态农业的参与度问题，选题贴近实际。但是论文引入了许多概念，如"农户分化"，生态采纳度等，又没有对这些概念的来龙去脉进行分析。同时，论文理论深度明显不够，建议作者补充完善。

2. 数据来源于调研，但是没有说明数据年份。

3. 核心解释变量农户分化程度，作者通过农户家庭农业收入比重的划分标准，即农业收入占家庭总收入90%以上为纯农户，赋值为1；农业收入比重为50%~90%的为一兼农户，赋值为2；农业收入比重为10%~50%的为二兼农户，赋值为3；农业收入比重在10%以下的为非农户，赋值为4。赋值增大意味着非农收入比重的提高，即代表分化程度的加深，这样的赋值是否合理有待进一步考量。

4. 控制变量加入合作社，是真发挥作用的合作社，还是也包括有名无实的合作社,需要交代清楚。

5. 参考文献标点符号格式没有统一。

6. 耕地采纳度的衡量需要补充,同时考虑意愿与行为间的差异,不知道调查样本是否包括耕地生态种植采纳行为,如果可以,补充分析与认识度间的关联,因为采纳度可能与采纳行为差异甚远。

7. 文章的内生性检验至关重要,但是目前版本对工具变量选择的阐释不充分,需要补充。

8. 对论文所有格式严格按照《中国人口·资源与环境》论文格式规范要求进行了再次修改。

2018年6月4日,论文修改稿返回编辑部,并附修改说明。

> 附修改说明如下。
>
> 尊敬的《中国人口·资源与环境》编辑部:
>
> 非常感谢编辑部及审稿专家认真而细致的意见,现对具体意见修改作如下说明。
>
> 1. 专家指出,论文分析农户生态农业的参与度问题,选题贴近实际。但是论文引入了许多概念,如"农户分化",生态采纳度等,又没有对这些概念的来龙去脉进行分析。同时,论文理论深度明显不够,建议作者补充完善。对此作者在引言等部分已补充分析相关概念,完善并加深相关理论。
>
> 2. 专家指出,数据来源于调研,但是没有说明数据年份。对此作者在文中已明晰调研数据时间。
>
> 3. 专家指出,核心解释变量农户分化程度,作者通过农户家庭农业收入比重的划分标准,即农业收入占家庭总收入90%以上为纯农户,赋值为1;农业收入比重为50%~90%的为一兼农户,赋值为2;农业收入比重为10%~50%的为二兼农户,赋值为3;农业收入比重在10%以下的为非农户,赋值为4。赋值增大意味着非农收入比重的提高,即代表分化程度的加深,这样的赋值是否合理有待进一步考量。对此作者已查看过大量关于农户分化的赋值文章,现已添加相关参考文献于赋值参考。

4. 专家指出，控制变量加入合作社，是真发挥作用的合作社，还是也包括有名无实的合作社，需要交代清楚。对此作者在文中已补充交代清楚为实际合作的农民合作社。

5. 参考文献标点符号格式没有统一。对此作者已严格按照《中国人口·资源与环境》文献著录格式修改。

6. 耕地采纳度的衡量需要补充，同时考虑意愿与行为间的差异，不知道调查样本是否包括耕地生态种植采纳行为，如果可以，补充分析与认识度间的关联，因为采纳度可能与采纳行为差异甚远。对此作者的调查样本并无耕地生态种植采纳行为，本文为了避免专家提出意愿与行为间的差异，作者采取了从认知、意愿和行为态度3个维度对生态耕种采纳度进行客观赋值衡量，赋值结果也符合现今已有研究状况。

7. 文章的内生性检验至关重要，但是目前版本对工具变量选择的阐释不充分，需要补充。对此作者对工具变量的选择及条件进行了补充说明。

8. 作者对论文所有格式严格按照《中国人口·资源与环境》论文格式规范要求进行了再次修改。

2018年8月7日，收到论文录用通知。

2018年8月23日、11月14日、12月20日，对排版稿3次校对。

2019年2月，论文正式刊出。

2023年5月7日，据中国知网显示，本文下载1 843次，补引76次。

初稿：农户分化、代际差异与生态耕种行为采纳度
——基于江西省2 068份问卷为例

摘要：农户作为最基本的耕地保护主体，其生态耕种行为采纳度是耕地保护政策能否顺利推广和促使耕地可持续利用的重要保证。本文基于江西省2 068份农户问卷调研数据，从农户分化与代际差异两大社会现象切入，在新古典经济学和行为经济学的理论视角下，运用Tobit模型，实证分析了农户分化、代际差异对农户生态耕种行为采纳度的影响。结

果表明：第一，农户分化程度的加深会使农户的生态耕种行为采纳度降低，且农户分化每加深 1 个单位，其生态耕种行为采纳度的条件均值降低 0.204 个单位。第二，新生代农户相对于老一代农户具有更积极的生态耕种行为采纳度，新生代农户的生态耕种行为采纳度比平均水平高 37.84%。第三，相对于分化程度更浅的农户而言，浅分化农户的代际差异变化使其生态耕种行为采纳度的边际效果更强。基于此，建议鼓励深分化农户规模化经营、加强浅分化农户技术培训、对老一代农户更多进行示范经验。

关键词：农户分化；代际差异；生态耕种行为采纳度；江西省

一、引 言

明确耕地的生态保护，把耕地保护与生态文明建设相统筹，既是对确保耕地自身生态系统良性循环的重视，也是对耕地为社会提供巨大生态功能的充分认可[1]。且耕地的生态平衡和可持续利用已成为耕地保护的重点和难点[2-4]。2017 年中央一号文件明确提出，要集中治理农业环境问题，推行绿色生产方式，增强农业可持续发展能力。农户作为最基本的耕地保护主体，其生态耕种行为采纳度已成为耕地保护的关键[5-6]。随着我国农村经济的不断发展，农户分化与代际差异已成为两大社会现象[7]。农户收入水平稳步提升，但收入结构非农化问题日益突出，呈现出忽视土地长远价值，重视土地短期效益，农业投入减少的种种现象[8]。这些现象直接或间接地导致了耕地质量退化和生态污染严重等问题[9]，严重影响耕地质量安全和农村生态环境，进而威胁城乡居民的健康乃至生命安全[10]。另外，中国农户个体特征也不断转变，务农劳动力代际差异分化趋势日益明显[11]，这必然会影响耕种行为，不可避免地会影响耕地质量[12]。因此，想要切实保护耕地质量，提高农户生态耕种行为采纳度，就必须了解不同分化程度和代际差异农户对生态耕种行为的认知、意愿及行为态度，"因农制宜"[13]。为探索农户与耕种行为之间的关系，前人开展了大量实证研究。研究内容有从认知水平及其影响因素分析出了对农户耕地保护行为有显著影响的因素[14]；从农户兼业角度对农户的耕种行为与耕地功能进行差异分析[15];从耕地规模、收入结构等角度划分农户类型,对农户耕种投入进行差异分析[16];将农户划分成不同户类,进而研究其对农户生态耕种行为进行差异化分析[6];研究还发现不同类型农户的生态耕种认知水平存在差异,且农户的生态耕种认知与其行为决策之间的差距较为明显[17]。前人为不同类型农户的生态耕种行为采纳度研究提供了一定的思路与基础,但仍存在一些问题值得探讨:①多数研究主体为耕种意愿与态度,而耕种行为作为最直接影响耕地质量的因素关注较少;②针对代际差异的农户耕种行为研究尚不多见;③研究区主要集中在东部发达地区,较少关注中部粮食生产核心区;④少有研究将农户分化与代际差异两大社会现象统一起来进行横向比较,更缺乏将两者交互影响进行深入分析。鉴于此,本文选择全国从未间断向外输出粮食的两个省份之一、中部粮食生产核心区——江西省为案例区,深入分析不同分化类型及代际差异农户对生态耕种行为采纳度的影响,探索不同类型农户提升生态耕种行为采纳度的影响因素,以期为设计符合不同类型农户实际现状的方案提供理论参考。

二、理论分析与研究命题

(一) 农户分化对生态耕种行为采纳度的影响

农户作为"理性人"或者"经济人",抉择能力较强,因此,本文在新古典经济学视角下,以利润最大化对农户生态耕种行为采纳度进行探讨。耕种行为的选择具有多种行为指标,包括劳动力投入、农田基础建设投入、农业机械化程度、耕作制度、肥料选择、病虫害防治方法的选用、先进农业技术的应用[18]。在城乡二元结构和快速城镇化背景下,农户家庭的生计分化、资源禀赋及区域间社会经济发展水平存在一定差距。农户依地为生的程度有所不同[19],根据耕种行为对于农户功能的不同,农户在耕地经营中的投入行为可划分为生态性投入行为和非生态性投入行为两种。生态性投入行为是指有利于耕地质量不下降的行为,例如增施有机肥和加大农田水利基础设施建设等,这些行为能够有效地提高土壤质量,改善土壤结构,使耕地生产力能够长期保持并得到提高;非生态性投入行为是指对耕地长期生产力产生毁坏性作用的、不利于耕地可持续利用的行为，例如大量施用农药、化肥等，虽然这样能增加耕地的短期输出，但长期大量使用农药、化肥会造成土壤结构破坏、土壤侵蚀和土壤板结等农业面源和点源污染问题[20]。因此，农户生态耕种行为采纳度取决于其生态性投入行为和非生态性投入行为的差序。分化程度较深的农户，农业领域收入期望较低，对耕地依赖程度较低，生态性投入行为弱化，耕种收益对他们的意义转变为"短期"收益；非生态性投入行为逐步强化，生态性投入行为和非生态性投入行为的差序发生重构，因此深分化农户群体更多地选择非生态性投入行为，这为消极的生态耕种行为采纳度提供了解释。

耕地具有多种功能，在发挥生产功能提供农户家庭收入及食物消费的同时，在农户家庭中所承担的养老及物质资本等保障功能也慢慢显现[21]。因此，可将耕地功能划分为生产功能和保障功能两种。随着农村经济的发展，农户分化程度的加深，农户对不同的耕地功能需求产生不同的耕种投入行为。深分化农户群体为追求最合适的耕地功能，必然会结合自身职业以及收入分化等禀赋条件，设法追求最有利的耕种方式，即更多地选择非生态性投入行为。另外，利用功能差序的概念，分化程度的加深使生态性投入行为向非生态性投入行为转化，使得他们对耕地的需求也由保障功能向生产功能过渡，这促成了消极的生态耕种行为采纳度。

本文又在行为经济学的非理性人角度探讨该问题，得出了同样的结论。对于事物的情感可以显著影响人们的行为采纳度[22]。分化程度较浅的农户群体，不论从物质还是精神上，仍然非常依赖耕地，对耕地的感情较深；而分化程度较深的农户，与城市逐步亲密，对耕地的感情降低[23]。耕地是农户于农村生活的重要依托，在可持续利用的前提下，分化程度较深的农户进行生态性投入行为的"情感"较低。在前景理论（prospect theory）视角下，对于分化程度较深的农户群体，耕地对于他们来说是迟早会"失去"的资产，此时反射效应（reflection effect）促进其非生态性投入行为的风险偏好；而对于分化程度较浅的农户群体，耕地却是一种长久不变的"保障"，因而通过确定效应（certainty effect）形成持续的生态性投入行为（图5-1）。

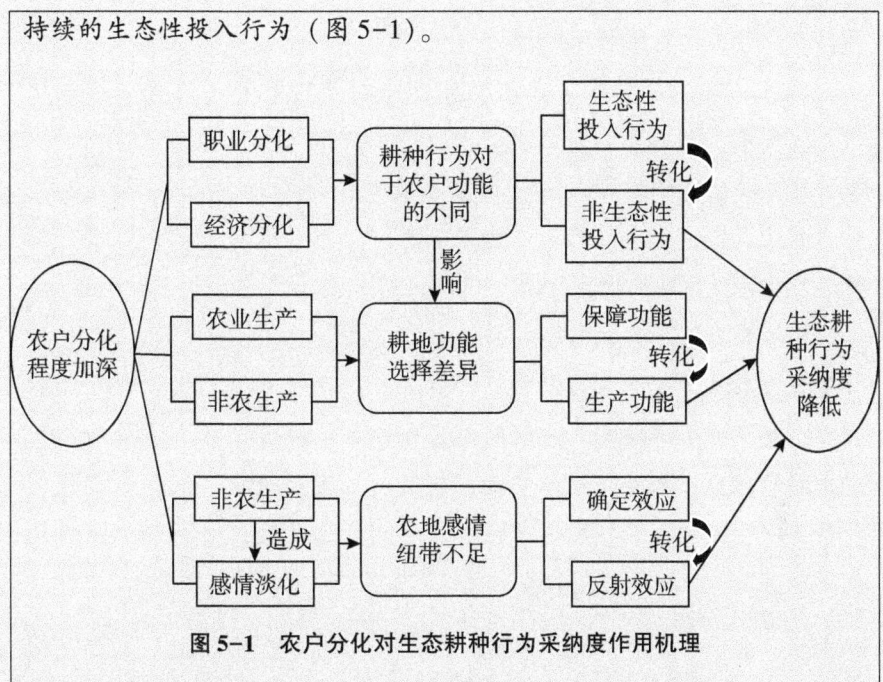

图 5-1 农户分化对生态耕种行为采纳度作用机理

由此，本文提出研究命题1。

命题1：控制其他因素不变，分化程度与农户生态耕种行为采纳度负相关。

（二）代际差异对生态耕种行为采纳度的影响

"代"（generation）或"代群"（generation cohort）是指在社会中具有相同处境或位置，并产生同类思维和行为模式的人群[24]，之后学者根据其观点将"代"定义为在关键成长阶段经历相同重大社会事件的群体[25]。处于不同代群的个体，三观等方面存在差异[26]，而三观的不同又会影响行为决策[27]，这便为不同代际农户具有不同的生态耕种行为采纳度提供了理论依据。具体而言，本文将代际差异对行为决策的影响进行分解。相关学者已总结出不同的代群之间的实际差异是代表了代际差异的代效应（generation effects）、年龄效应（age effects）与时代效应（period effects）共同作用的结果[28-29]，而时代效应主要反映社会中各代群的"共同变化"，在本研究对农户生态耕种行为采纳度的影响可以忽略，因此本文仅考虑前两种效应。

代效应指社会发展中重大历史事件导致的社会环境变迁对相同时期（年龄）群体造成的差异性影响，且这种影响在个体成长关键阶段才能发挥实际作用[29]。这一效应造成了代群之间在行为认知上的分化，新生代农户受教育程度、农业新知识、新技术接受能力以及可持续发展观念等方面都要优于老一代农户。

年龄效应则与个体经历事件无关，单指个体在成长过程中年龄差异对自身禀赋特征造成的影响。众所周知，老一代农户由于年龄相对较大，处于生命周期末端，会具有更为守旧的耕种行为[30]；而新生代农民则对耕种长期投资意愿较大，耕种收入期望较高，愿意尝试更多的耕地质量改良技术，接受耕种技术培训，这同样可以为他们积极的生态耕种行为采纳度提供解释（图5-2）。

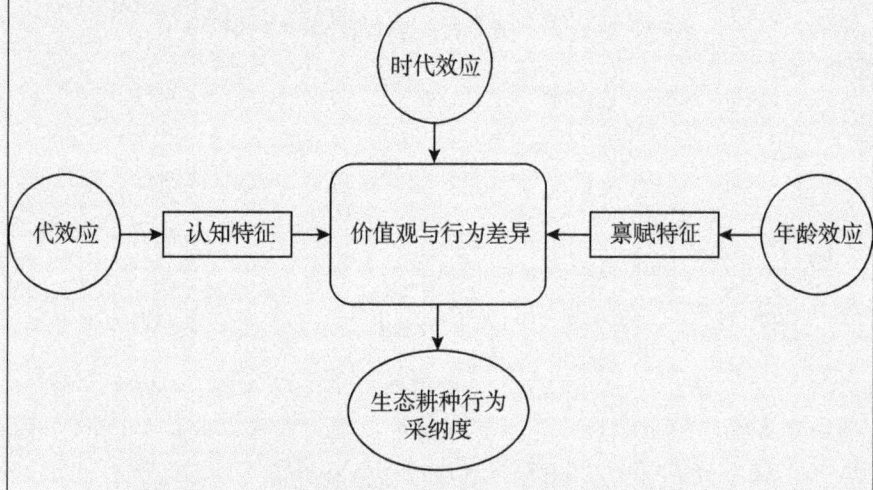

图 5-2　代际差异对生态耕种行为采纳度作用机理

由此，本文提出研究命题2。

命题2：控制其他因素不变，新一代农户具有更高的生态耕种行为采纳度。

（三）农户分化、代际差异对生态耕种行为采纳度的交互影响

代际差异是否可通过分化渠道作用于农户生态耕种行为采纳度？本

文将这种机制归纳为"逆转效应"与"循环效应","逆转效应"对深分化农户的生态耕种行为采纳度产生抑制作用,而"循环效应"对浅分化农户的生态耕种行为采纳度产生促进作用,造成两者接受度的"剪刀差",具体如下。

对于深分化农户,耕地收入期望更低,对耕种投资意愿较弱,故他们在代际差异中的功能差序重构发生一定程度的逆转,即耕地的非生态性投入行为不向生态性投入行为转化或转化程度不足;另外,深分化农户对耕地的依赖程度远低于浅分化农户,耕地对其的意义更多为生产功能,由此在代际差异中其耕地功能同样发生逆转,即耕地的生产功能并不完全向保障功能转化;最后深分化农户与城市的联系逐步强化,对耕地的情感认同变低,因而在代际差异的作用下,农地情感上同样会发生一定程度的逆转,其生态耕种行为采纳度的作用会减弱。

更高的务农边际收益是生态耕种行为的重要动因,而对于浅分化农户,耕地是他们于农村的重要资源,耕地使用时生态耕种行为采纳度更高。新生代农户相比老一代农户在农业新知识、新技术接受能力等方面更强,这便又提升了浅分化农户的生态耕种行为。最终通过代际差异机制对生态耕种行为采纳度产生促进作用(图5-3)。

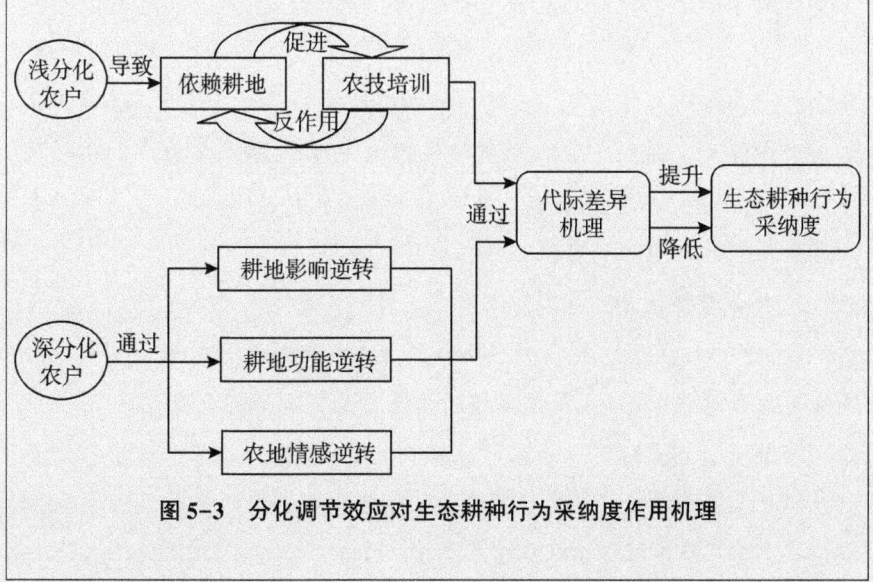

图5-3 分化调节效应对生态耕种行为采纳度作用机理

由此，本文提出研究命题3。

命题3：代际差异对农户生态耕种行为采纳度的作用受农户分化的影响，即农户分化在此作为调节变量发挥分化调节效应，浅分化农户的代际差异变化使其农户生态耕种行为采纳度的边际效果更强。

三、研究设计

（一）数据来源

课题组于2016年在江西省进行了一次预调查，随后经专家论证对问卷内容进行补充完善，并于2017年1—3月，调查人员分组前往江西省鄱阳湖平原、吉泰盆地和丘陵地带周边的10个市44个县（区）开展参与式乡村评估（PRA）的问卷调查，在调查过程中由村长、村主任带领，采用分层随机抽样方法，进行入户调查，调查对象多为农户户主，每户调查时间为30~40分钟。共发放2 370份问卷，回收问卷2 176份，实际有效问卷为2 068份，问卷有效率为95.04%。问卷涉及了农户的基本信息、农户确定农药类型及用量依据、农药使用方法与习惯以及农户对农药认知等相关内容。

（二）变量设计与描述统计

1. 被解释变量：生态耕种行为采纳度。过去的行为采纳等研究通常将被解释变量作为二元虚拟变量引入，通过Logit模型或Probit模型进行考察。本文为更全面考察农户生态耕种行为采纳度，从认知态度、意愿态度和行为态度3个维度进行衡量，认知与意愿态度虽不直接形成生态耕种行为，却为更多的生态耕种行为采纳提供了契机。利用层次分析—熵值定权法[31]，先通过层次分析法衡量一级指标权重，之后利用客观赋权的熵值法确定二级指标权重（表5-1）。

2. 核心解释变量：农户分化程度。针对中国实际，相关学者提出了农户分化的两个基本向度，即以职业差异为主的水平分化和以收入差异为主的垂直分化[32]，但两者相比职业差异更能反映农户分化的主要特征[33]。因此，本文以职业分化衡量农户分化程度，同时借鉴陆学艺[34]对农户职业阶层的划分，参考中国社会科学院农村发展研究所2002年的划分标准，以农户家庭农业收入比重为标准将农户分为4类，即农业收入占

表 5-1 生态耕种行为采纳度评价指标体系

变量名称	一级指标	二级指标	二级指标定义
生态耕种行为采纳度	认知态度 (0.088 1)	化肥施用是否越多越好 (0.094 0)	是=0；否=1
		农药使用是否越多越好 (0.094 0)	是=0；否=1
		是否了解农药安全间隔期 (0.226 7)	是=1；否=0
		是否了解生态耕作 (0.585 3)	是=1；否=0
	意愿态度 (0.194 7)	是否愿意使用重金属超标的猪场粪肥 (0.142 9)	是=0；否=1
		是否愿意进行生态耕作 (0.857 1)	是=1；否=0
	行为态度 (0.717 2)	选择农药种类 (0.800 0)	价格低廉、毒性强、病虫害防治效果好=0；低毒低残留的专用农药=1
		农药器具处理方式 (0.200 0)	自己丢掉、埋起来、烧掉=0；送到指定地点或等人来收=1

家庭总收入 90% 以上为纯农户，农业收入比重在 50%~90% 的为一兼农户，农业收入占家庭总收入 10%~50% 的为二兼农户，农业收入比重在 10% 以下的为非农户。并将其作为有序变量分别赋值 1~4，取值提高意味着非农职业程度的加深，即代表分化程度的提高。

3. 核心解释变量：代际差异。学术界通常以 1980 年出生划分新老两代农民的界限[35-36]。考虑到"代效应"中价值观形成的滞后性[26,37]，本文在此基础上前延 5 年，以 1975 年出生作为分界，由此形成虚拟变量以反映代际差异（Intergen）。若户主 1975 年之前出生，则 Intergen 取值为 0，反之为 1，并通过独立样本 t 检验进行验证。

4. 控制变量：考虑其他可能影响农户生态耕种行为采纳度的因素，本文将控制变量归纳为 4 个维度：①家庭特征变量。即家庭总人口数越多，家庭需求越大，耕种行为因需求的不同而发生改变。家庭劳动力比重决定在应对家庭需求时可通过劳动改善家庭的能力，也直接对生态耕种行为采纳度起作用。②户主特征变量。男性视野一般更开阔，对于生态性投入行为意愿更强[38]；务农年限越长对农业耕作越了解，但耕种行为也越依赖经验。因此，户主性别和务农年限均会对生态耕种行为采纳度产生影响。③耕地特征变量。农户耕种面积越大,越倾向于增加生态性耕作投入以获得高收益;与此同时,耕地面积越大,其耕作成本越高,一定程度上会使农户倾向非生态性耕作投入[39]。④规模特征变量。加入农民合作社有利于减少农户农业生产经营活动的盲目性,并提升其组织性和计划性[40];家庭农场是农户借助政府和市场等外部条件变化,不断调整和优化耕作方式,从而满足日益增长的家庭需求[41],故规模特征会影响农户生态耕种行为采纳度的认知,因此可将其归为控制变量。本文模型中主要变量的说明与统计性描述见表5-2。

表5-2 主要变量说明与统计性描述

变量名称	英文代码	变量定义	均值	标准差	最大值	最小值
生态耕种行为采纳度	Behavior	由层次分析—熵值定权法计算得到	0.394	0.326	1	0
农户分化程度	Occup	纯农户=1,一兼农户=2,二兼农户=3,非农户=4	2.814	0.957	4	1
代际差异	Intergen	1975年之前出生=0,1975年及之后出生=1	0.240	0.427	1	0
家庭总人口	Pop	家庭总人口数(人)	5.332	2.075	40	1
家庭劳动力比重	Manpower	家庭劳动力/家庭总人口数	0.373	0.199	1	0
性别	Sex	女=0,男=1	0.744	0.437	1	0
务农年限	Agricultural	实际务农时间(年)	22.738	12.824	67	0
耕种面积	Area	实际种植面积(亩)	8.980	45.873	1 700	0
家庭农场	Farm	是=1;否=0	0.011	0.105	1	0
加入合作社	Cooperative	是=1;否=0	0.035	0.185	1	0

(三) 实证检验模型

考虑到被解释变量(Behavior)在此处实际为处于0~1的双向归并数据,其条件分布并非正态分布,故在基准回归及后续分析中,本文采用针对归并数据更常用的Tobit模型,具体设置如式(1)所示,同时利用MLE对方程系数进行估计:

$$Behavior_i = \beta_0 + \beta_1 Occup_i + \beta_2 Intergen_i + \beta_3 Occup_i \times Intergen_i + \beta_4 Controls' + u_i \quad (1)$$

式中，i 表示户主个体，Behavior、Occup 和 Intergen 分别表示生态耕种行为采纳度、农户分化程度和代际差异，Occup×Intergen 表示农户分化程度（Occup）与代际差异（Intergen）的交互项，Controls′ 表示控制变量所构成向量的转置，u_i 为随机扰动项。若命题 1 至命题 3 合理，则式（1）中 β_2 应为正且显著，β_1、β_3 应为负且显著。

四、实证结果

（一）回归结果与分析：关键因素的挖掘

本文接下来通过前期设计的回归模型对命题 1 至命题 3 进行检验。由于方程中含二元交互项，为避免多重共线的干扰，本文采取中心化的方式进行处理。由表 5-3 给出的 4 个回归模型结果可知，模型 1 是先进入控制变量作为解释变量得到的回归模型；模型 2 是在模型 1 的基础上再加入核心解释变量及其交互项；模型 3 是考虑到农户分化程度（Occup）的内生性，引入工具变量采用 IV-Tobit 模型；模型 4 是考虑到可能存在的"弱工具变量"（weak instruments）问题，因此采用对弱工具变量更不敏感的有限最大似然方法（LIML）对模型进行估计。

表 5-3 命题 1 至命题 3 检验结果：农户分化、代际差异与生态耕种行为采纳度

变量名称	(1) Tobit	(2) Tobit	(3) IV-Tobit	(4) LIML
农户分化程度	—	-0.204*** (0.006)	-0.152*** (0.057)	-0.150*** (0.057)
代际差异	—	0.149*** (0.040)	0.292* (0.162)	0.295* (0.162)
农户分化程度×代际差异	—	-0.055*** (0.017)	-0.117*** (0.192)	-0.119* (0.070)
家庭总人口	0.005 (0.004)	0.007** (0.003)	0.006** (0.003)	0.006** (0.003)
性别	0.042** (0.165)	0.003 (0.130)	0.012 (0.016)	0.012 (0.016)
家庭劳动力比重	-0.001 (0.379)	-0.110*** (0.030)	-0.087** (0.039)	-0.087** (0.039)
务农年限	-0.002*** (0.001)	-0.001** (0.001)	-0.001** (0.001)	-0.001** (0.001)
耕种面积	0.000 (0.000)	-0.000*** (0.000)	-0.000* (0.000)	-0.000* (0.000)

(续表)

变量名称	(1) Tobit	(2) Tobit	(3) IV-Tobit	(4) LIML
家庭农场	0.257*** (0.070)	0.123** (0.055)	0.130** (0.056)	0.130** (0.056)
加入合作社	0.043*** (0.031)	-0.040 (0.031)	-0.016 (0.041)	-0.016 (0.041)
对数似然值	-607.822	-103.459	—	—
Pseudo R^2	0.033	0.835		

注：*、**、***分别表示10%、5%、1%的显著性水平，表中括号外估计结果为边际效应，括号内为普通标准误。

根据表5-3中（1）列可知，个人特征变量中，性别对应系数在5%水平上显著且系数为正，说明男性更注重耕地的可持续利用，偏好生态耕种行为，与王浩和刘芳[38]研究结论一致；务农年限对应系数在1%水平上显著且系数为负，说明务农时间越久，越倾向于"老旧固守"的非生态耕种行为。规模特征变量中，认定为家庭农场与加入合作社的系数估计值均为正且在1%水平上显著，说明统一性管理、规模化经营能有效推广生态性投入行为，与前人研究结果较为一致[38-39]。

按照设计，在模型1的基础上，加入农户分化程度（Occup）、代际差异（Intergen）及其二元交互项（Occup×Intergen）。由（2）列结果可知，农户分化程度（Occup）变量在1%的置信区间上显著，边际效应为-0.204，表明分化程度的加深会使农户的生态耕种行为采纳度降低，且农户分化每加深1个单位（即农户每进行1个层次的职业转化，例如从纯农户转化为一兼农户），其生态耕种行为采纳度的条件均值约降低0.204个单位，命题1得以验证。而代际差异虚拟变量的边际效应为0.149，且在1%的置信区间上显著，表示新生代农户相比于老一代农户具有更积极的生态耕种行为采纳度，命题2得以验证。且在样本中，生态耕种行为采纳度的均值为0.394（表5-2），这意味着在控制其他因素不变的条件下，新生代农户的生态耕种行为采纳度比平均水平高了37.8%。二元交互项（Occup×Intergen）在1%的置信区间上显著且系数为负，表明相对于分化程度更深的农户而言,浅分化农户的代际差异变化使其农户生态耕种行为采纳度的边际效果更强,命题3得以验证。并且Pseudo R^2 从模型1到模型2呈现递增的趋势,说明模型的整体拟合优度有较大提高,意味着农民分化、代际差异及其二元交互项对于农户的生态耕种行为采纳度有良好解释力度。特别是对于代际差异变量,笔者在调查中发现,老一代农户对于生态耕种行为普遍持有怀疑态度,而新生代农户却会主动与课题组调查人员沟通并试图了解相关生态耕种方法,这一现象值得关注。

(二) 内生性检验

较高的生态耕种行为采纳度能带来长期效益,促进农户分化,而分化程度的加深又会影响农户的生态耕种行为采纳度。换言之,它们可能存在反向因果关系,农户分化程度(Occup)可能是一个"内生变量"[42]。为准确估计农户分化对生态耕种行为采纳度的影响,需引入"工具变量"以解决可能存在的内生偏误。首先,农户的受教育年限(Edu)可能与农户分化程度有直接关联,具备良好的前定特征,且由于本文研究的调查对象为农户户主,其对于耕地的耕种行为决策权最强,因此可以避免因低教育水平家庭成员的要求而被迫产生非生态耕种行为决策,使教育年限变量对农户生态耕种行为采纳度的作用仅通过农户分化渠道来实现。其次,耕地破碎度(Broken)在可能对农户分化产生影响的前提下能够有效避免上述双向因果关系。这里将Edu、Broken作为Occup的工具变量,第一阶段的回归方程如式(2)所示:

$$Occup_i = \varphi_0 + \varphi_1 Edu_i + \varphi_2 Broken_i + Controls'\phi + \Lambda_i \quad (2)$$

在第二阶段,利用拟合值所得的全效应模型如式(3)所示:

$$Behavior_i = \chi_0 + \chi_1 Intergen_i + \chi_2 \hat{Occup}_i + \chi_3 Intergen_i \times Occup_i + Controls'_i \alpha + \Gamma_i \quad (3)$$

式中,$\hat{Occup}$ 为第一阶段中农户分化程度(Occup)的拟合值。通过IV-Tobit模型以及对弱工具变量更不敏感的有限最大似然方法(LIML)对式(3)进行估计。在工具变量检验方面,最小特征值为19.326 2,大于经验临界值10,故可认为不存在弱工具变量陷阱;而Anderson-Rubin统计量为6.42,落入所对应的卡方分布接受域,这支持了工具变量为外生的假设。估计结果见表5-3（3）列、（4）列。

纠正内生性偏误后，代际差异（Intergen）与分化调节效应（Occup×Intergen）对农户生态耕种行为采纳度的影响程度增强，农户分化程度（Occup）对农户生态耕种行为采纳度的影响程度减弱。故基准模型回归中本文低估了代际差异（Intergen）与代际差异（Intergen）通过作为调节变量的农户分化程度（Occup）对深分化农户的作用，而高估了农户分化程度（Occup）对农户生态耕种行为采纳度的作用。但是总体回归结果依然支持本文研究命题。

（三）稳健性检验

前文研究结论对于不同农户群体是否有所差异？本文按受访户主的性别、是否为家庭农场及是否加入农村合作社进行了分样本回归，Tobit回归结果见表5-4。

表5-4 分样本回归结果

变量名称	(1)		(2)		(3)	
	男性	女性	是家庭农场	非家庭农场	加入农村合作社	未加入农村合作社
农户分化程度	-0.193*** (0.008)	-0.213*** (0.014)	-0.178 (0.235)	-0.197*** (0.007)	-0.217 (0.033)	-0.197*** (0.007)
代际差异	0.147*** (0.047)	0.210*** (0.075)	-0.169 (0.481)	0.177*** (0.040)	-0.049 (0.240)	0.174*** (0.040)
农户分化程度×代际差异	-0.050** (0.020)	-0.072** (0.031)	0.107 (0.317)	-0.061*** (0.017)	0.039 (0.117)	-0.060*** (0.017)
样本容量	1538	530	23	2045	73	1995
Pseudo R^2	0.740	1.028	0.107	0.810	0.649	0.806

注：*、**、*** 分别表示10%、5%、1%的显著性水平，括号内为普通标准误。

由表5-4的（1）~（3）列可知，代际差异（Intergen）、农民分化程度（Occup）与分化调节效应（Occup×Intergen）的分样本回归结果基本稳健，本文的研究命题均得到了较稳健的模型结果支持。但三者的作用效果在"是否为家庭农场"与"是否加入农村合作社"的子样本中却呈现出新的表征，它在"是家庭农场"与"加入农村合作社"农户中并不显著。究其原因，已成为家庭农场或者加入农村合作社的农户，具有较强的风险抵御能力和经济实力，耕种行为方面具有长远的眼光及判断选择能力，能有效选择使耕地生产力能够长期保持并得到提高的生态性投入行为。故代际差异与农户分化并未发挥作用，"循环效应"难以得以体现，分化调节效应也并未发挥作用。

五、结论与政策启示

农户作为最基本的微观经济单元和耕地保护主体，充分了解农户生态耕种行为采纳度的影响因素对耕地生态保护和维持耕地生态平衡具有重要意义。本文从农户的微观角度出发，考虑了农户分化和代际差异两大社会现象，阐明了两者及其分化调节效应对生态耕种行为采纳度的作用机制，并通过实证得到主要结论如下：①务农年限长，成为家庭农场的农户对生态耕种行为有更高的采纳度，反映出耕种经验与规模对生态耕种行为的积极态度。②随着农户分化程度的加深，农户会具有更为消极的生态耕种行为采纳度，并且代际差异亦会通过农户分化的调节效应对农户产生影响，即浅分化农户的代际差异变化使其农户生态耕种行为采纳度的边际效果更强。③新生代农户相比于老一代农户，对于生态耕种行为会有更为强烈的采纳意愿，且在纠正内生偏误后该作用效果增强，实际调查情况和实证结果也都表明代际差异是造成农户生态耕种行为采纳度不同的主要原因。

基于上述结论可知，提升农户生态耕种行为采纳度的积极性，不仅要关注农户的资源禀赋，更要注重农户分化、代际差异及其分化调节效应对生态耕种行为投入意愿的影响。为此，本文提出以下3条建议：①鼓励农户家庭借助土地、劳动力和资本要素市场的发育，通过对其家庭劳动力的合理配置，发展成为家庭农场，实现规模化经营，提高农户的生态耕种行为采纳度。②对浅分化农户，政府应在耕地保护补偿、产业合作组织设立、扩大经营规模方面给予支持，降低农户的耕种风险，提升农户农业收入；对深分化农户，适当给予技术培训，促进耕地保护补偿政策实施效率改进，激励农户实施生态耕种行为。③加强耕地保护基本政策宣传，提高农户生态耕种行为采纳度。尤其对老一代农户，应考虑其更依赖经验判断的特点，到田间地头进行示范，建立村级示范户，发挥模范带动效应。农民分化程度加深的同时,自然会通过分化本身及分化调节效应实现生态耕种行为采纳度的调节。但就代际差异而言,在分化潮终将到来的前夕,如何针对新生代农户与老一代农户的差异进行多元化的政策反哺,又如何处理深分化农户的"逆转效应"问题,都将是下一步研究工作值得深入探讨的。

参考文献(略)

二、案例分析

本论文最初策划定名为"农户分化、代际差异与环保耕种行为决策度",但在课题组内部讨论时,认为"环保耕种行为决策度"过于宏观,很难进行内涵界定且问卷调查的数据支撑说服力不够,故改为"生态耕种采纳度",保持课题组一贯的研究主题"生态耕种"。

相对于其他论文的发表,本文应该算是非常顺利的,只返修一次就被录用。究其原因,主要有以下几点:一是文章正式投刊之前,课题组对论文进行了充分地讨论、反复地打磨,在力所能及的前提下形成"完美稿",呈现给编辑和专家,基本格式规范、选题符合要求,就能顺利通过编辑部的初审,否则到不了外审专家手中。二是从农户分化、代际差异两个角度开展农户的生态耕种行为决策研究,研究的切入点比较新颖且符合社会实际。三是论文的内容形式表达上,图、表运用丰富,可读性较强。当然,对照最终的发表稿(附录6),也有不少改进,可以从中吸纳相应经验,其中摘要的变化相对较大,图5-4是摘要的修改花脸稿,从中可以发现,摘要必须内容充实、具体,让读者能通过摘要掌握丰富的信息。

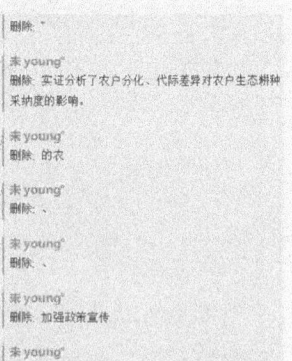

图5-4 摘要修改的花脸稿

第 6 章　学位论文

学位论文是为获得某种学位而撰写的论文，是授予学位的前提条件，只有学生撰写的学位论文合格，顺利通过答辩，才能授予相应的学位。根据所申请的学位不同，学位论文可分为学士论文、硕士论文、博士论文 3 种。这 3 种学位代表着不同的层次，相应的学位论文也有不同的要求。每个学位授权单位一般会针对所授学位提出相应的学位论文要求，同时全国专业学位研究生教育指导委员会也会提出学位论文的指导性意见。因此，学位论文既要符合所授权单位的要求，也要符合全国专业学位研究生教育指导委员会的要求。

全国公共管理专业学位研究生教育指导委员会于 2018 年制定了《公共管理硕士专业学位论文类型与撰写指导性意见（试行）》，提出 MPA 学位论文可分为学术型和应用型等，以应用型为主，其中应用型学位论文又可分为案例分析型论文、调研报告型论文、问题研究型论文、政策分析型论文 4 种类型，并对每种类型的论文提出了基本要求。

6.1　学位论文的基本组成

尽管不同学位授予单位对所授予学位论文的要求有所不同，但学位论文一般由封面、独创性声明及论文使用授权说明、目录、中文摘要与关键词、英文摘要与关键词、论文正文、参考文献、致谢、附录、作者简历等内容组成。

6.1.1　封　面

封面是学位论文的外表面，对论文起装潢和保护作用，并提供相关信息。学位论文封面应包括中图分类号、学校代码、密级、论文题目、论文作者、指导老师、授予学位种类、学科专业等信息。图 6-1 为江西农业大学非全日制专业学位硕士学位论文封面。

分类号：三号，宋体加粗	学校代码： 10410
密　级：＿＿＿＿＿	学　号：＿＿＿＿

江西农业大学
非全日制专业学位硕士学位论文

（中文论文题目）(一号，宋体加粗，居中，字数多时，可酌情缩小)

（英文论文题目）(一号，宋体加粗，居中，字数多时，可酌情缩小)

（以下三号，宋体加粗）

申　请　人：＿＿＿＿＿＿＿＿
指　导　教　师：（姓名、职称）
校外指导教师：（姓名、职称）
专　业　领　域：＿＿＿＿＿＿＿＿
所在培养单位：＿＿＿＿＿＿＿＿
论文提交日期：＿＿＿＿＿＿＿＿

图 6-1　江西农业大学非全日制专业学位硕士学位论文封面

中图分类号，一般按《中国图书馆分类法》第四版进行分类，《中国图书馆分类法》共分为 5 个基本部类、22 个大类。采用英文字母与阿拉伯数字相结合的混合号码，用一个字母代表一个大类，以字母顺序反映大类的次序，在字母后用数字作标记。

学校代码按照教育部批准的学校代码进行标注。江西农业大学的代码为10410。

授予学位种类、学科专业，要求严格按照国务院学位委员会颁布的《授予博士、硕士学位和培养研究生的学科、专业目录》规范填写。

学位论文密级一般分为公开、内部、秘密和机密四级，其中"内部"是指研究成果未列入国家保密范围，但准备申请专利或技术转让，以及涉及技术和商业秘密，在一段时间内不予公开的学位论文；"秘密"和"机密"是指研究背景源于已确定密级的科研项目或课题的学位论文，或虽无涉密项目背景，但内容涉及国家秘密的论文。密级确定为"内部""秘密""机密"的学位论文均属于涉密学位论文，应按相关规定执行，特别是确定为"秘密""机密"的学位论文，在论文送审、答辩过程中应严格限定接触论文者的身份要求。

论文题目必须以最恰当、最简明的词语反映论文中最重要的特定内容，并要求中英文对照。题名一般不宜超过25个字，通常由名词性短语构成，而不是一个完整的句子，应尽量避免使用不常见的缩略词、首字母缩写字、字符、代号和公式。如题名内容层次过多，难以简化，可适当采用副标题的形式，起补充、阐明题名的作用，如"——基于……视角""——以……为例"。

英文题目书写格式通常有3种，即全部字母大写，开头字母和每个实义词首字母大写，开头字母和专用名词首字母大写。在没有特定规定下，一般采取开头字母和每个实义词首字母大写的形式。如《浙江省Y县D镇农村宅基地利用与管理研究》的英文题目为"Research on the Utilization and Management of Rural Homestead in D Town, Y County, Zhejiang Province"。

6.1.2 独创性声明及论文使用授权说明

学位论文的独创性声明，是为了进一步强化论文作者的学术道德，规范学术行为。因此，论文作者必须对所提交的论文逐份亲笔签名承诺。

学位论文是研究生和指导教师智慧的结晶，版权属作者个人所有。但是，学位论文也是学校的宝贵资源。学校有权采用影印、缩印、电子版或其他复制手段保存论文；允许论文被查阅和借阅，并按有关规定送交论文的原件、复印件或公布全文内容。因此，论文作者须声明是否同意授权学校对论文的使用权。论文使用授权的说明与独创性声明都安排在论文的第1页。图6-2为江西农业大学学位论文独创性声明及论文使用授权说明。

独 创 性 声 明

本人声明，所呈交的学位论文，是在指导教师指导下，通过我的努力取得的成果，并且是自己撰写的。尽我所知，除了文中作了标注和致谢中已经作了答谢的地方外，论文中不包含其他人发表或撰写过的研究成果，也不包含在江西农业大学或其他教育机构获得学位或证书而使用过的材料。与我一同对本研究作出贡献的同志，都在论文中作了明确的说明并表示了谢意。如被查有严重侵犯他人知识产权的行为，由本人承担应有的责任。

学位论文作者亲笔签名：________ 日 期：____________

论文使用授权的说明

本人完全了解江西农业大学有关保留、使用学位论文的规定，即学校有权送交论文的复印件和电子版，允许论文被查阅和借阅；学校可以公布论文的全部或部分内容，可以采用影印、缩印或其他复制手段保存论文。

保密，在____年后解密可适用本授权书。□

不保密，本学位论文属于不保密。 □

（请在方框内打"√"）

学位论文作者亲笔签名：____________ 日 期：________

指导教师亲笔签名：______________ 日 期：________

图6-2 江西农业大学学位论文独创性声明及论文使用授权说明

6.1.3 摘要与关键词

摘要是专家评委最为关注的内容之一，好的摘要往往能得到专家评委的青睐。摘要是一种具有高度概括性和独立性的短文，是对论文的内容不加注释和评论的概述性叙述，向读者提供论文中的全部创新内容和其他必要的信息。

摘要必须包括研究背景、研究目的与意义、研究内容、研究方法、研究结果、研究结论等基本要素，其中研究结果和研究结论往往容易混淆，研究结果是通过研究直接得出的相关规律，而研究结论是研究结果的进一步提升，往往是根据研究结果引申出具体的理论意义和实用价值，如对策、启示、建议等。

摘要要求充分概括、篇幅短小精干，而不是各章节内容的罗列，其用词、造句、修辞都比较讲究。应做到重点要突出，文字要简练，陈述要客观，语言要生动，要突出论文的研究亮点和创新之处，并充分体现研究工作量。一般不能使用图、表、化学结构式、非公知公用的符号和术语。

硕士学位论文的摘要通常与关键词一起控制在一个页面之内，500字左右。摘要一般为三段论，第一段介绍研究背景与意义，明确研究目的与拟解决的科学问题；第二段介绍研究内容、研究方法与手段、研究结果，是对研究过程的高度概括，也是研究工作量的具体体现；第三段为研究结论或应用前景，明确论文研究的价值所在。

关键词是为了文献标引而从论文中选取出来用于表达全文主要内容的单词或术语，既有单个词，也包括词组、短语。关键词是一篇论文的主要信息点，可使读者在极短的时间了解论文的主要研究内容与要点。通常情况下，硕士学位论文一般可选取3~5个词作为关键词。

英文摘要，在内容上要与中文摘要保持一致，应注意关键词中英文的含义区别。可借助网络翻译工具，但不能完全依赖翻译工具，一定要在工具翻译的基础上，重新梳理，确保翻译内容符合要求，也可适当套用句型。以下是几个常用句型。

（1）为……目的所进行的研究

A+studies/investigation+are/are now being/were/have been+B+C

其中，A：Several experimental/Numerous preliminary/Many comprehensive/Few detailed/ (So far) No fundamental

B：made/carried out/performed/undertaken/attempted/initiated

C：to elucidate the nature of … /to understand the influence… /to reveal the causes of… /in order to bring to light on some factor about…

（2）研究的主要目的是……

A+B+of+C+is/was/has been/will be+D

其中，A：the chief/the main/the primary

B：aim/purpose/object/objective

C：the present study/this investigation/our research/these studies

D：to obtain some results which… /to obtain some knowledge of … /to assess the role of… /to find out whether… /to establish what fact are …

或：A+was/has been+B+with a view to/in order to/to/intended to+C

其中，A：the present study/this investigation/our research/these studies

B：made/carried out/performed/attempted/undertaken/started/initiated/designed

C：elucidate/clarify/determine/establish/show/demonstrate/provide evidence for/obtain

（3）研究的结果说明（指出、提示）了……

It was concluded that … /It was found that … /It could be concluded that …

或：The studies/researches+A+that …

其中，A：showed/demonstrated/indicated/suggested/revealed/established

6.1.4 参考文献

为了反映论文的科学依据，尊重他人的研究成果，并向读者提供有关信息，在学位论文的正文后面都应列出论文中引用过的文献目录，包括专著、学术期刊、政府文献、报纸、专利文献、电子文献、会议论文专辑等。

参考文献的标注方式通常有两种，一是直接在论文引用处标注作者和出版物的年份，然后在参考文献中按作者姓氏字母顺序和出版物的年份先后进行排列；二是按引用文献在论文中出现的先后顺序连续编码，并将序号置于方括号［］中用角上标形成标注，然后在参考文献中集中罗列。大多数学位论文采取第二种方式标注。

根据《信息与文献　参考文献著录规则》（GB/T 7714—2015），各类文献的引用标注格式如下。

（1）期刊类

【格式】［序号］作者. 篇名［J］. 刊名, 出版年份, 卷号（期号）：起止页码.

【举例】

［1］王海粟．浅议会计信息披露模式［J］．财政研究，2004，21（1）：56-58．

［2］夏鲁惠．高等学校毕业论文教学情况调研报告［J］．高等理科教育，2004（1）：46-52．

［3］Heider, E. R. & D. C. Oliver. The structure of color space in naming and memory of two languages［J］. Foreign Language Teaching and Research，1999，（3）：62-67．

（2）专著类

【格式】［序号］作者．书名［M］．出版地：出版社，出版年份：起止页码．

【举例】

［4］葛家澍，林志军．现代西方财务会计理论［M］．厦门：厦门大学出版社，2001：42．

［5］Gill, R. Mastering English Literature［M］. London：Macmillan，1985：42-45．

（3）报纸类

【格式】［序号］作者．篇名［N］．报纸名，出版日期（版次）．

【举例】

［6］李大伦．经济全球化的重要性［N］．光明日报，1998-12-27（3）．

［7］French, W. Between Silences：A Voice from China［N］. Atlantic Weekly，1987-8-15（33）．

（4）论文集

【格式】［序号］作者．篇名［C］．出版地：出版者，出版年份：起始页码．

【举例】

［8］伍蠡甫．西方文论选［C］．上海：上海译文出版社，1979：12-17．

［9］Spivak, G. "Can the Subaltern Speak？"［A］. In C. Nelson & L. Grossberg（eds.）. Victory in Limbo：Imigism［C］. Urbana：University of

Illinois Press,1988,pp. 271-313.

(5) 学位论文

【格式】［序号］作者. 篇名［D］. 出版地：保存者，出版年份：起始页码.

【举例】

［10］张筑生. 微分半动力系统的不变集［D］. 北京：北京大学数学系数学研究所，1983：1-7.

(6) 研究报告

【格式】［序号］作者. 篇名［R］. 出版地：出版者，出版年份：起始页码.

【举例】

［11］冯西桥. 核反应堆压力管道与压力容器的LBB分析［R］. 北京：清华大学核能技术设计研究院，1997：9-10.

(7) 条　例

【格式】［序号］颁布单位. 条例名称［Z］. 发布日期.

【举例】

［13］中华人民共和国科学技术委员会. 科学技术期刊管理办法［Z］.1991-06-05.

(8) 专　利

【格式】［序号］专利申请者或所有者. 专利题名：专利号［P］. 公告日期或公开日期.

【举例】

［14］邓一刚. 全智能节电器：200610171314.3［P］.2006-12-13.

(9) 电子资料

【格式】［序号］主要责任者. 题名［R/OL］. 出版物/发布日期.

【举例】

［15］中国互联网络信息中心. 第26次中国互联网络发展现状统计报告［R/OL］.（2012-01-16）.

6.1.5　致谢、附录、作者简历

致谢是学位论文的组成部分。致谢是对在论文研究、撰写过程中曾给予自己帮助的人或单位表示谢意。内容应简洁明了，实事求是，还要感情诚恳、言语得体，不能有过多的溢美之词。致谢对象尽量全面，包括导师，以及在资料收集、分析处理、论文润色等提供帮助的老师、同学、朋友和单位，也包括在生活或精神上给予支持的家人、朋友。

附录是论文主体部分的补充，并不是必须的。为了保证整篇论文的完整，特别是维持正文的条理性和逻辑性，以及篇幅的平衡，有些内容不宜直接放在正文之中，但为了帮助读者阅读与深入理解，可作为附录放在文后。这类补充信息一般包括某些研究过程的详细介绍、问卷调查表、访谈提纲、典型案例剖析思路，以及调查获得的第一手原始资料。当附录内容比较多时，可采用序号编排，如"附录1　××××××""附录2　××××××""附录3　××××××"。

作者简历也是选择内容，一般包括作者的教育经历、工作经历、攻读学位期间参与的科研项目、发表的学术论文，以及取得的其他相关学术成果。

6.2　如何衡量一篇好的学位论文

尽管衡量一篇好的学位论文没有公认的绝对标准，但大家对学位论文的好坏还是有一个基本评判体系，而对这些评判体系的了解，也就明确了论文撰写的目标与方向，对于写好学位论文具有很大的帮助。通常一篇好的学位论文具有以下几个特征。

6.2.1　逻辑缜密　论证细腻

学位论文是研究的整体体现，而缜密的逻辑是研究的生命力，也是学位论文的命脉，同时，只有围绕研究主题进行深入剖析，论证具体、细腻，才能得到具有研究价值的成果。学位论文的目录是研究逻辑是否缜密、论证是否细腻的最直观反映，这就是为什么很多论文评审专家把目录作为评判论文质量好坏的一个重要内容。通过目录，可以让读者一目了然地看出作者开展论文研究的逻辑主线及其论证思路与细腻程度。一篇好的学位论文，论述的逻辑严密、脉络清晰、推理明了，研究内容紧扣主题、层层推进、论证具体，最后针对研究问题提出具有可操作性、针对性强的对策建议。相反，一篇差的学位论文，内容组织往往凌乱无序，论述碎片化，甚至让人感觉在东拼西凑，看不到论文的实践应用价值所在。

案例6-1为"J省N县失地农民权益保障中存在的问题与对策"目录

内容修改前后的对比分析。

案例6-1 从学位论文目录判断论文质量

一、案例介绍

J省N县失地农民权益保障中存在的问题与对策
目录（修改前）

1 绪 论
　1.1 选题的背景与意义
　　1.1.1 选题的背景
　　1.1.2 选题的意义
　1.2 国内外研究现状与述评
　　1.2.1 国外研究现状及趋势
　　1.2.2 国内研究现状及趋势
　　1.2.3 国内外研究现状评述
　1.3 研究方法及主要内容
　　1.3.1 研究方法
　　1.3.2 主要内容
2 基本概念和理论基础
　2.1 基本概念
　　2.1.1 农村土地
　　2.1.2 土地征收
　　2.1.3 失地农民
　　2.1.4 失地农民权益
　2.2 理论基础
　　2.2.1 马克思地租地价理论
　　2.2.2 社会保障理论
　　2.2.3 可持续生计理论

2.2.4 公平补偿理论
3　J省N县失地农民权益的基本情况
　　3.1　J省N县概况
　　　　3.1.1　J省N县土地资源基本情况
　　　　3.1.2　J省N县经济社会发展基本状况
　　　　3.1.3　J省N县被征地农民权益保障基本概况
　　3.2　J省N县失地农民权益保障的基本做法
　　3.3　J省N县失地农民权益保障的成效
4　J省N县失地农民权益保障中存在的问题
　　4.1　征地补偿方面
　　　　4.1.1　介于新旧补偿标准实施时间差内项目难进行
　　　　4.1.2　补偿标准调整实际协商救济机制执行不到位
　　4.2　法律制度实施方面
　　　　4.2.1　"土地—财政—金融"制度设计缺陷
　　　　4.2.2　新法中关于集体土地入市完全实现有困难
　　4.3　社会保障方面
　　　　4.3.1　失地农民认定程序复杂
　　　　4.3.2　失地农民补偿方式单一
5　J省N县失地农民权益受损的原因分析
　　5.1　征地补偿方面
　　　　5.1.1　新标准较旧标准提高了近10%
　　　　5.1.2　土地补偿主客体地位不对等
　　5.2　法律制度实施方面
　　　　5.2.1　地方财政对土地收入依赖过大
　　　　5.2.2　历史的原因，政策理解容易产生误区
　　5.3　社会保障方面
　　　　5.3.1　社会保障资金压力大
　　　　5.3.2　缺乏就业引导等持续性的政策
6　兄弟县（市）失地农民权益保障的做法与启示

6.1 L市失地农民权益保障的做法

    6.1.1 L市失地农民权益保障的基本做法

    6.1.2 L市失地农民权益保障的成效

6.2 G县失地农民权益保障的做法

    6.2.1 G县失地农民权益保障的基本做法

    6.2.2 G县失地农民权益保障的成效

6.3 X县失地农民权益保障的做法

    6.3.1 X县失地农民权益保障的基本做法

    6.3.2 X县失地农民权益保障的成效

6.4 兄弟县（市）失地农民权益保障启示

7 J省N县失地农民权益保障对策

7.1 征地补偿方面

    7.1.1 统筹好新旧标准的衔接过渡

    7.1.2 强化公众参与，规范征地工作

7.2 法律制度实施方面

    7.2.1 多元化发展经济，理顺利益分配机制

    7.2.2 根据实际规范集体土地管理

7.3 社会保障方面

    7.3.1 建立倒逼机制，推进失地农民社保落实

    7.3.2 采取多元安置途径，增加就业可持续性的政策

8 结 论

8.1 本文结论

8.2 本文的创新和不足

J省N县失地农民权益保障中存在的问题与对策
目录（修改后）

1 绪 论

1.1 研究背景与意义

1.2 国内外研究现状

    1.2.1 国外研究现状及趋势
    1.2.2 国内研究现状及趋势
    1.2.3 国内外研究现状述评
  1.3 研究内容与方法
    1.3.1 研究内容
    1.3.2 研究方法
2 相关理论基础
  2.1 失地农民的概念
  2.2 失地农民权益的概念
  2.3 社会保障的相关理论
  2.4 征地补偿的相关理论
3 J省N县失地农民权益保障的现状分析
  3.1 研究区域概况
  3.2 数据的收集
  3.3 现状分析
    3.3.1 失地后所获取的补偿权益
    3.3.2 失地补偿权益的合理性
    3.3.3 征地补偿中的问题
    3.3.4 补偿金额所考虑的因素
    3.3.5 征地补偿所关切的问题
4 J省N县失地农民补偿权益保障存在的问题及原因分析
  4.1 存在的问题
    4.1.1 土地征收补偿标准不合理
    4.1.2 征地补偿制度存在缺陷
    4.1.3 安置补偿有所不足
    4.1.4 征地补偿不到位
  4.2 存在问题的原因分析
    4.2.1 土地征收补偿制度缺乏统一性
    4.2.2 有关部门征地补偿落实不到位

4.2.3 对安置补偿的重视度不足

4.2.4 对征地补偿的监督不够

5 兄弟县（市）失地农民权益保障的做法与启示

  5.1 L市失地农民权益保障的做法

    5.1.1 L市失地农民权益保障的基本做法

    5.1.2 L市失地农民权益保障的成效

  5.2 G县失地农民权益保障的做法

    5.2.1 G县失地农民权益保障的基本做法

    5.2.2 G县失地农民权益保障的成效

  5.3 X县失地农民权益保障的做法

    5.3.1 X县失地农民权益保障的基本做法

    5.3.2 X县失地农民权益保障的成效

  5.4 兄弟县（市）失地农民权益保障启示

6 J省N县失地农民权益保障的对策

  6.1 细化土地征收补偿标准

    6.1.1 适当提高征地补偿标准

    6.1.2 采取差异化的补偿标准

  6.2 完善征地补偿制度

    6.2.1 优化补偿测算方法

    6.2.2 健全相关法律法规

  6.3 强化安置补偿

    6.3.1 做好生活安置补偿

    6.3.2 选择适宜的补偿安置方式

  6.4 落实好征地补偿

    6.4.1 加强对征地补偿的监督

    6.4.2 规范征地程序

7 结论与讨论

  7.1 主要研究结论

  7.2 讨 论

二、案例剖析

从修改前的目录看，虽然围绕着"J 省 N 县失地农民权益"这一研究主题，从概念、现状、问题、原因、借鉴、对策的研究逻辑展开，研究主线比较清晰，但认真分析可以发现，论证并不严密，也不细腻，存在几个明显的不足：一是基本概念和理论基础罗列界定过于宽泛，像"农村土地""土地征收"都是大家熟知的概念，不必再进行界定，而罗列的马克思地租地价理论、社会保障理论、可持续生计理论、公平补偿理论等 4 个理论大而全，没有很好地与研究主题相联系。二是 J 省 N 县失地农民权益保障的现状分析过于简单，"失地农民有哪些权益？应该如何保障？""目前的保障情况如何？"是开展本研究的基础，必须论述清楚。三是尽管从征地补偿、法律制度实施、社会保障 3 个方面进行了问题与原因的分析，但这 3 个方面的划分不够合理，不是失地农民权益保障的一个分析体系。四是对策建议的提出，也从征地补偿、法律制度实施、社会保障 3 个方面有针对性地提出，但所提对策建议过于宏观，对于一个县而言，可操作性不强，从而难以体现本研究的实践参考价值。修改后的目录，虽然还存在不少问题，但总体上取得了明显进步，现状、问题、原因、对策等内容都更加具体详细。

6.2.2 科学严谨 学理性强

学术研究是一个追求真知的过程，需要以大量的事实为基础，并通过严谨逻辑推理才能得出具有可信度的研究结论。学位论文与散文不同，不能像脱缰的野马，天马行空地发表感慨，要聚焦于研究问题上，以事实为依据、科学论证为根本。因此，通过大量的调研、实验来获取丰富的第一手资料是学位论文的基石，这也是衡量一篇学位论文是否满足应有工作量的依据。当然，研究并不排斥对二手材料和二手数据的合理使用，这些非第一手素材主要用于验证或对比分析。有了材料或数据，就要通过科学的推理得出研究结论，研究中提出的任何一个观点，都必须有相应的材料或数据来支撑，具有严谨的因果逻辑关系。在论文的论述中，还必须讲究学理性，严格使用学术语言，遵循学术规范，防止口语化的表达。另外，还要与日常的工作报告有明显的区别。现实中不少在职研究生，平常习惯于种种工作报告的风格,往往在学位论文中过于追求用词的对仗、顺口,盲目使用排比句,每个句子都控制在 6 个字或 8 个字,结果为了确保工整,不得不牺牲所要表达的内容,进而与学术论文表达精准的核心要求背道而驰。

6.2.3 层次性好 吸引力强

学位论文在一定程度上也是一件作品,应具有可读性,能吸引读者一直看完。一篇好的学位论文不仅能让人认可论文的观点,也能给人留下愉悦感。与一般的自然科学学位论文相对枯燥不同,MPA 的论文研究往往针对现实生活的热点问题或大家共知的问题,容易引起读者的兴趣。因此,学位论文要有层次感,是一个立体的,而不是平面的论述,从研究问题的提出开始,一步一步往前展开、推理,吸引读者带着新奇往前看。一方面,在论文内容的组织结构上,要注意前呼后应,前面埋下伏笔,后面相应回答;另一方面,在不影响学术内涵的前提下,措辞可适当灵活、鲜活,增加论文的可读性。

6.2.4 精益求精地打磨

诚然,一篇好的学位论文离不开严谨的研究思路、丰富的第一手素材和缜密的推理论证,但更需要反复推敲、打磨,不断修改完善。在学位论文正式定稿之前,可以尝试从以下几个方面进行自我评判与分析,尽力争取提交一个完美的学位论文。

一是标题是否简洁明了?标题是否清楚地反映了研究主题?如果有些词删除后不会影响读者的理解,那么就可以删除,标题越简洁越好!

二是摘要是否高度概括了论文的内容?研究目的、研究内容、研究方法、研究结果、研究结论这些基本要素是否齐全?论文研究精华部分,特别是创新点是否表达清楚?

三是文献综述是否反映最新研究成果?不仅要满足学位论文的文献数量,更要看引用的文献是否包括了最新、最权威的文献。往往在开题报告写作时进行了文献综述,但在论文研究中,又有新的文献不断出现,因此,一定要及时更新、补充文献,直到论文定稿。

四是研究内容是否形成了体系?论文所涉及的研究内容之间是否相互联系、相互映衬?且表述紧扣主题?是否构成了一个有机整体?

五是研究方法是否合适且应用正确？研究方法与研究数据是否满足研究方法的要求？特别是有些方法运用的前提阐述是否全面？如实证方法的运用，抽样的代表性如何保证？样本数量是否符合定量分析的基本要求？

六是论文结构是否环环紧扣？从目录上看，是否符合学位论文的基本论证规律？观点是否围绕研究主题表达准确、清楚、明了？问题、原因、对策之间是否在一个分析体系之中？

七是提出的对策建议是否具有可操作性？对策建议除了要与问题和原因相呼应外，更要具有实现的参考价值，对地方的实践具有实实在在的指导意义，而不是大而空或"放之四海皆准"的套话。

八是参考文献是否符合规范要求？

九是致谢是否真诚？致谢对象是否全面？

十是必要的附件是否全面？比如涉及的调查问卷、访谈提纲必须附上，这便于专家评判研究数据与素材的获取是否科学。

6.2.5 防止出现常见的错误

专家外审能否通过是评判学位论文好坏最直接的依据，通过梳理未能通过外审的论文情况，吸取相应的教训，也是提升学位论文质量的一个方法。根据多年来的教学经验，学位论文外审不通过一般包括以下几种情况。

一是论文选题与授予学位的专业要求不匹配。由于每个学科、每个专业有其自身独特的研究领域与范畴，只能针对本领域的研究论文授予相应的学位，对于与本专业研究内容不匹配的学位论文只能持否定态度。如"W市中小企业对民间资本的融资研究"，显然是工商管理、金融学或经济管理的命题，难以与公共管理建立联系，如果从政府监管或风险防范角度研究，就能与MPA的论文选题要求相匹配；又如"D县小学阶段留守儿童教育现状及对策研究"，这个题目是典型的教育学学科研究内容，若改为政府的管理或扶持角度进行研究，则与MPA的论文选题要求相匹配。

二是基本概念界定不清，出现多个概念或偷换概念。基本概念是贯穿于学位论文研究的核心，必须有一个明晰的内容界定，不能出现多个概念内涵。比如《G市土地执法监察的问题与对策研究》一文，本应围绕土地执法监察这一核心主题，从执法人员保障、技术手段、法律依据、执法体制等方面开展研究，但实际内容却是土地违法的案例分析，以及卫片执法的内容,尽管土地执法监察、土地违法、卫片执法3个概念存在密切联系,但作为一篇学位论文,不能同时针对多个概念进行研究,也与论文题目不吻合。

三是缺乏问题意识,学理性不够或与工作报告雷同。问题导向是开展学位论文研究的基本要求,但有的学位论文研究需要解决的问题不明晰,缺乏相应的学术理论支撑,通篇就是工作现状介绍,甚至偏重于工作总结报告,只是介绍工作的开展及其取得的成效,却没有研究要解决的问题。

四是研究工作量达不到基本要求。硕士、博士学位论文研究都必须保证相应的工作量,但有的学位论文像是一篇大的文献综述,对国内外相关研究成果进行了系统梳理与归纳,而自己真正开展的研究几乎没有,特别是缺乏第一手资料,难以保证基本的研究工作量要求。

五是问卷设计过于随意、目的性不明。问卷调研是 MPA 学位论文开展研究的一个最常用方法,但有的论文问卷设计过于随意,与研究需要分析的问题不对应,问卷的分析与研究主题缺乏内在关联。

六是问卷调研与分析"两张皮"。虽然有些学位论文研究进行了相应的问卷调研,但问卷调研的数据得不到运用,分析还是定性分析。出现问卷调研与分析"两张皮"的现象,其实是问卷设计过于随意、目的性不明的一个必然后果。比如有一篇关于教学管理改革的绩效评估的论文,从技术思路和附件材料看,均包括了学生、家长、老师和管理人员的问卷设计,但在论文分析中,却只有家长和管理人员的问卷分析。

七是问题与原因分析相互混淆。对问题与原因分析深入系统地剖析,是 MPA 学位论文研究深度的关键,但有的论文对问题与原因分不清楚,相互混淆。通俗地讲,问题与原因是因果关系,问题是结果,是种种具体表现,而原因是产生问题的根源。

八是论文的逻辑主线不明晰。论文的内容组织没有紧扣研究主题,一会儿论述这个问题,一会儿又论述那个问题,逻辑主线飘忽不定。

九是对策建议与原因分析脱节。对策建议是体现学位论文价值的关键,必须紧扣研究中发现的问题与原因分析,有针对性地提出。但有的论文提出的对策建议与前文的原因分析脱节,过于笼统,针对性和可操作性不够。

最突出的表现就是提出"放之四海皆准"的对策建议，诸如加强领导、强化宣传、加强制度建设、加大资金扶持力度、加强监管，等等。

十是调研浮于表面。有的学位论文形式上既有访谈，也有典型案例调研，看似开展了相应的实地调研，但仔细推敲，却都是蜻蜓点水，访谈没有紧扣研究主题，也没有问题导向，而典型案例也没有深入剖析内在机制，结果这些浮于表面的调研无法为研究内容提供必要的素材支撑。

6.3 论文提纲的设计

6.3.1 论文提纲是论文的谋篇布局

论文提纲是研究生着手学位论文动笔行文前的必要准备，要通过论文提纲对整个学位论文进行谋篇布局，把每项研究内容组织起来。以提纲挈领，掌握全篇学位论文的基本构架，进而分清层次、明确重点，使论文的每个部分形成一个有机的整体，有利于根据各部分的要求，收集、组织、利用资料，决定取舍，在最大限度地发挥资料作用的同时，又能有效地避免资料的重复利用。

论文提纲应遵循问题的提出、问题的分析、问题的解决对策这一脉络进行。问题的提出包括研究背景、研究意义及目前这方面的研究进展，在问题的分析之前，必须对现状有一个全面的介绍，一般需要对研究区域或研究对象进行清晰的介绍，然后对现状的做法及其取得的成效进行系统梳理，再对照需要达到的理论目标，指出还存在哪些问题及其具体表现，并深入分析原因所在，如果已有成功的经验可以学习，则还要介绍几个典型经验并明确启示，最后针对存在的问题与原因，结合经验借鉴，提出解决问题的对策建议。因此，"现状分析—问题归纳—原因剖析—经验借鉴—对策建议"已成为目前 MPA 学位论文最常见的谋篇布局。

在"现状分析—问题归纳—原因剖析—经验借鉴—对策建议"的谋篇布局中，应把握系统性和整体性要求。现状分析常常需要简要介绍现状做法及其特征，总结已取得的成效。而问题归纳和原因剖析是相互依存的，在问题归纳的体系上要为原因剖析留有空间，尽量做到问题与原因的一一对应，经验借鉴也要尽量对应存在的问题与原因，从而提高经验借鉴的针对性。而对策建议则是对前文分析的收尾，要有水到渠成的感觉，即针对问题与原因，借鉴成功经验，提出相应的对策建议，前呼后应、一气呵成。因此，在谋篇布局时，就要明晰具体的分析框架、指标体系和逻辑思路。

6.3.2 逻辑性和系统性是论文提纲的关键

论文提纲既是开展论文研究的总体思路，更是对研究内容的整体把控，保证论文是一个有机的整体。因此，逻辑性和系统性是论文提纲的关键。

聚焦是体现论文逻辑性和系统性的前提。一篇学位论文只能有一个研究主题，全文的内容组织都必须与这个研究主题相关，这就是聚焦。在现实中，常常出现多个主题的论述，其原因很可能是对研究主题的认识不够深入或研究主题的定位不够清晰，研究思路得不到拓展，进而有凑字数之嫌。

主题突出、主线清晰是论文逻辑性和系统性的主要表现。通过论文提纲能对研究主题、研究逻辑推理关系一目了然，让读者看到清晰的研究思路与研究内容。核心关键词的科学界定往往是串联论文的核心，所有研究内容都围绕着核心关键词的内涵或外延展开。若对核心关键词界定不够合理，研究时就有可能偏离主题，甚至出现多个研究主题。

值得注意的是，前期的论文提纲设计不等同于最终的论文结构。学位论文与语文考试的作文完全不一样，语文考试中的作文需要在一定期限的时间内完成一定字数的文章，为了确保文章不跑题和系统完整性，必须严格按预先设定的提纲组织文字。而学位论文的提纲不能一成不变，要根据实际研究素材支撑的能力与分析结果的变化，以及阶段性的新发现，不断调整论文内容的组织，甚至可能会出现修改论文题目的情况。因为，前期论文提纲的设计，是基于对研究的结果预期进行组织的，但随着研究的深入，不少结果很可能出乎研究预期，或研究可能会有新的发现。论文提纲的优化调整，要牢记"牵一发而动全身"的系统理念，确保关联性修改，特别是涉及相关基本概念、主要观点的修改。

案例6-2是以学位论文"江西省瑞金市叶坪镇'空心村'改造后续治理研究"为例，对论文提纲的优化调整分析。

案例6-2 论文提纲的优化调整

一、案例介绍

江西省瑞金市叶坪镇"空心村"改造后续治理研究
（开题报告时撰写的论文提纲）

1 绪 论
  1.1 选题目的及选题意义
    1.1.1 选题目的
    1.1.2 选题意义
  1.2 国内外研究现状及趋势
    1.2.1 国外研究现状及趋势
    1.2.2 国内研究现状及趋势
    1.2.3 国内外研究现状评述
  1.3 研究目标及主要内容
    1.3.1 研究目标
    1.3.2 主要内容
  1.4 拟采用的研究方法及技术路线
    1.4.1 研究方法
    1.4.2 技术路线
  1.5 拟解决的关键问题及创新之处
2 "空心村"改造的后续治理的概念与相关理论
  2.1 相关概念
    2.1.1 "空心村"
    2.1.2 "空心村"改造的后续治理
  2.2 理论基础
    2.2.1 公众参与理论
    2.2.2 可持续发展理论
    2.2.3 土地优化配置理论
3 江西省瑞金市叶坪村"空心村"现状与"空心村"改造的后续治理存在的问题

3.1 瑞金市叶坪镇基本概况

3.2 瑞金市叶坪镇"空心村"改造现状

3.3 瑞金市叶坪镇"空心村"改造的后续治理存在的问题

 3.3.1 规划缺失，导致农村宅基地闲置问题突出

 3.3.2 产权约束，造成宅基地使用和人口迁移不匹配

 3.3.3 资金短缺，结果农村人居环境和基础设施存在短板

 3.3.4 管理机制不健全，引发农村宅基地流转体制不完善

4 结合相关理论"空心村"改造的后续治理存在问题的原因进行分析

4.1 农村宅基地流转体制不完善

4.2 经济发展落后，农户大量流出

4.3 基础设施投入较少，资源配置不足

4.4 农村人才缺乏，群众参与改造积极性不高

5 "空心村"改造的后续治理成功案例及其启示

6 加强"空心村"改造的后续治理，促进乡村振兴的对策建议

6.1 建立存量违法建设查处和宅基地有偿退出机制，促进村民自主自愿节约集约利用"空心村"用地

6.2 探索多样化"空心村"改造模式，提升改造综合效益

6.3 创新优化规划建设与经营许可等制度，促进"空心村"活化利用

6.4 制定招商引资与人才招聘鼓励政策，为"空心村"改造提供人才支撑

7 结论与进一步研究展望

江西省瑞金市叶坪镇"空心村"改造后续治理研究

（最终成稿的论文提纲）

第1章 绪 论

1.1 研究背景与目的意义

 1.1.1 研究背景

 1.1.2 研究目的及意义

1.2 国内外研究概况

1.2.1 国外研究概况
1.2.2 国内研究概况
1.2.3 国内外研究述评
1.3 研究内容
1.3.1 主要研究内容
1.3.2 研究的重点与创新点
1.4 研究方法和技术路线
1.4.1 研究方法
1.4.2 技术路线

第2章 基本概念与基础理论
2.1 基本概念
2.1.1 "空心村"改造
2.1.2 "空心村"改造后续治理
2.2 基础理论
2.2.1 公众参与理论
2.2.2 协同治理理论
2.2.3 可持续发展理论

第3章 瑞金市叶坪镇"空心村"改造现状分析
3.1 叶坪镇"空心村"改造的基本情况
3.2 叶坪镇"空心村"改造成效

第4章 瑞金市叶坪镇"空心村"改造后对乡村治理提出的新挑战
4.1 人口流失严重
4.2 经济来源单一
4.3 资源闲置依然存在
4.4 公共服务相对滞后
4.5 基层组织较为薄弱

第5章 瑞金市叶坪镇"空心村"改造后续治理存在的主要问题及原因分析
5.1 叶坪镇"空心村"改造后续治理存在的主要问题

5.1.1 主观能动调动不够充分，"空心村"改造后续治理群众参与积极性不高

5.1.2 传统美德有所弱化，基层德治作用发挥不到位

5.1.3 法治理念教育不够全面，法治作用发挥不明显

5.2 叶坪镇"空心村"改造后续治理存在问题的原因分析

5.2.1 规划引领不够科学合理

5.2.2 有效的制度保障和支撑不够健全

5.2.3 城乡发展不均衡

5.2.4 干部能力素质有所欠缺

5.2.5 群众思想观念较为落伍

第6章 兄弟乡镇"空心村"改造后续治理典型经验与启示

6.1 兄弟乡镇典型经验

6.2 启 示

第7章 加强瑞金市叶坪镇"空心村"改造后续治理的对策建议

7.1 加强产业发展，夯实后续治理基础

7.2 完善配套建设与支撑，确保生态宜居可持续发展

7.3 强化乡风文明，转变群众思想观念

7.4 提高干群素质，强化乡村治理的能力

7.5 推动村民增收致富，促进城乡均衡发展

第8章 研究结论与展望

8.1 主要研究结论

8.2 研究展望

二、案例分析

经过多年的新农村建设，"空心村"改造基本完成，但随之而来的后续治理逐渐成为村庄可持续发展、推进乡村振兴战略面临的突出问题，论文以江西省瑞金市叶坪镇为研究对象，开展"空心村"改造后续治理研究，选题针对性强，具有明显的现实意义。

对比开题报告和最终论文的提纲，可以发现，在整体逻辑框架上并没有发生大的变化，研究思路与研究方法基本保持不变，但细节上有不少

变化：一是基本概念介绍中，用"'空心村'改造"替代了"空心村"，这是因为"空心村"并不是本研究的关键词，且"空心村"的概念基本得到社会的一致认可，没必要单独对其进行界定，"'空心村'改造"才是本研究的关键词；二是在基础理论中，用"协同治理理论"替代了"土地优化配置理论"，因为在研究中发现，"空心村"改造后续治理涉及众多关联主体，需要多元主体的协同治理，而土地优化配置已不属于"空心村"改造后续治理的内容；三是增加第3、第4章内容，把"空心村"改造，以及"空心村"改造对乡村治理提出的新挑战单独成章，有利于把"空心村"改造后续治理的背景，以及"空心村"改造后续治理的目标导向阐述更加清晰；四是开题报告中的第3、第4章内容整合，在一个章节中对"空心村"改造后续治理存在的主要问题及原因进行分析，有利于加强问题与原因分析的针对性和系统性；五是对于"空心村"改造后续治理存在的主要问题及原因，根据实际研究分析进行了重新归纳，使研究结果与研究数据及素材更加吻合；六是重新提出了加强瑞金市叶坪镇"空心村"改造后续治理的具体对策建议，使对策建议与存在问题、原因和经验借鉴更加呼应，针对性和可操作性更强，也使研究的实际价值更加清晰。

6.4 图、表的处理

简洁明了的图、表是学位论文内容的重要表达方式，也是学位论文的基本要求。图和表都应有自明性，即只看图、表，不需要阅读正文，也可以理解图、表的意思。

图和表都应有编号、图名/表名，图还要有图例。图、表的编号有两种形式，一是整篇论文从"1"开始编号，二是分章编号。图名/表名一般需要中英文，图名下方居中，而表名上方居中。表常常使用三线表，通常只有3条线，即顶线、底线和栏目线（没有竖线），其中顶线和底线为粗线，栏目线为细线。当然，三线表并不一定只有3条线，必要时可加辅助线。如图6-3所示，图中表6-1表明这张表是第6章中的第1张表，而图3-2表明这张图是第3章中的第2张图。

表 6-1　解释变量及预计效应

Tab. 6-1　Explaining of variables and expected effect

项目	变量	预计效应
个人特征因素	户主年龄	-
	户主文化程度	+
家庭特征因素	家庭人口	-
	家庭年收入	+
	家庭常年劳动力系数	-
	拥有宅基地个数	+
	拥有宅基地占地面积	+
区域因素	乡镇人均 GDP	+
	距县城的交通距离	-

注:"+""-"分别表示变量对因变量变化的正向、负向效果。

样本户主文化程度结构

高中/中专 23%　大专 2%　本科 2%　小学 16%　初中 57%

图例：小学、初中、高中/中专、大专、本科

图3-2　户主文化程度结构统计饼图

Fig. 3-2　Structure statistical pie chart of householders' cultural degree

图 6-3　图、表的处理示范

绝大多数的学位授予单位对学位论文的图表都要求有中英文对照，在图、表的英文名的处理中，尽量采用以下固定句型。

A 对 B 的影响：Effect（s）/Influence（s）of A on B/B as affected by A

A 与 B 的比较：Comparison of（between）A and B/A in comparison with B

A 与 B 的关系：Relationship（s）between（among，of）A and B/A in relation to B

A 与 B 的相关性：Correlation of（between）A with B

A 对 B 的反应：Reaction（Response）of A to B

在具体图、表的英文翻译中，一定要针对不同图、线的具体含义，采取相应的英文词汇，以下为常见的图、表中英文词汇。

实物照片图：plate（Pl.）

几何图：figure（Fig.）

坐标图：coordinate graph

曲线图：curve-line graph/rectilinear graph

折线图：broken-linear graph

直方图或条形图：bar graph/histogram

点图：point graph

圆饼图：pie graph

示意图：diagrammatic sketch

方框图：block diagram

立体图：relief map

剖面图：cross-sectional view

实线/虚线：solid/dashed line

粗线/细线：heavy/light line

点线/点划线：dotted/dot-dash line

直线/斜线：straight/diagonal line

折线：piecewise line

阴影线：shaded line

实心圆/空心圆：solid/open circle

实三角/空三角：solid/open triangle

6.5 绪论与结论的撰写

绪论与结论是学位论文的一头一尾，就像一场戏的开场与收场，或是一场会议的开幕式与闭幕式，是衡量论文整体性和系统性的主要内容。绪论是提出问题，而结论是回答问题，二者是相互呼应的关系。如果绪论中提出的科学问题，在研究结论中找不到答案，就说明研究很可能偏离了主题。当然，在研究实施过程往往会出现对研究问题有更加深入的认识，发现在前期绪论中提出的问题表述不够准确，这时就必须回过头来完善绪论内容。因此，绪论写好后，并不是就定稿了，需要根据后期的研究内容及其结论相应进行修改完善。

学位论文的绪论，有相对固定的内容，一般包括选题的背景与意义、文献综述、主要研究内容、研究思路与技术方法。这与开题报告的内容非常相似，开题报告中的诸多内容可用于论文的绪论之中，但必须进行相应的补充完善和调整优化。这是因为在开题报告完成之后的研究实施过程中，与研究主题相关的社会经济有新的发展，有新政策的要求，也有很多新的文献出现，这些新的发展、政策要求、文献必须及时融入绪论之中，才能确保研究论文的时效性。同时，在论文研究之中，也要根据研究素材、数据分析结果不断优化研究内容和研究方法，这些变化也必须体现在绪论之中。

学位论文的研究结论，除了要与绪论中的研究目的相呼应外，还要注意这是对整个论文研究的系统归纳总结，要把论文所涉及研究内容的主要观点进行全面梳理。以"江西省瑞金市叶坪镇'空心村'改造后续治理研究"为例，应把瑞金市叶坪镇"空心村"改造成效、"空心村"改造后对乡村治理提出的新挑战、"空心村"改造后续治理存在的主要问题及原因，以及最后提出的瑞金市叶坪镇"空心村"改造后续治理的对策建议，进行归纳罗列，这也是体现研究工作量的要求。特别需要指出的是，要把论文研究的创新点或亮点所在凸显出来。

如果对于绪论中提出的科学问题没有很好地回答，可以在研究结论之后，提出讨论或研究展望，其中讨论主要是与已有文献研究的不同结论的对比解释，研究展望则是在客观分析论文研究不足的基础上，提出进一步开展研究的展望。

主要参考文献

卞建军，王绪正，2002. 开好座谈会应注意的几个问题 [J]. 调研世界（1）：49.

初景利，解贺嘉，张冬荣，等，2022. 研究生对学术不端相关问题认知的调查与分析 [J]. 研究生教育研究，70（4）：60-65.

杜玉霞，赵淑芳，2017. 基于思维导图的文献阅读策略 [J]. 广州广播电视大学学报，17（5）：10-16，107.

李润洲，2014. 走出开题报告撰写的三个误区——一种教育学的视角 [J]. 学位与研究生教育（2）：8-11.

林聚任，刘玉安，2008. 社会科学研究方法 [M]. 2版. 济南：山东人民出版社.

邵朱励，2022. 研究生学位论文引文失范问题及应对机制 [J]. 石家庄铁道大学学报（社会科学版），16（1）：104-110.

王光柱，2001. 如何开好座谈会 [J]. 政工学刊（3）：35.

王琳博，2012. 高校学术不端行为的成因及对策 [J]. 淮海工学院学报（人文社会科学版），10（15）：7-9.

吴怀豹，1998. 开好座谈会的四个注意点 [J]. 办公室业务（1）：43-44.

肖湘杰，2018. 硕士研究生学位论文中文献综述的常见问题初探——以湖南农业大学高等教育学硕士学位论文为例 [J]. 读与写（教育教学刊），15（2）：34-35.

杨革，李晓辉，陈晨，2021. 研究生学术不端行为治理问题及策略研究 [J]. 黑龙江高教研究，39（11）：130-135.

姚远，2022. 研究生学术道德规范保障体系构建与实践 [J]. 教育教学论坛（28）：25-28.

张文杰，侯云翔，2014. 研究生学位论文文献综述存在的问题及指导研究 [J]. 继续教育研究，192（8）：47-50.

张显库，张国庆，2017. 学术规范与论文写作 [M]. 大连：大连海事大学出版社.

附 录

附录1 国家相关学术道德建设的文件

教育部关于严肃处理高等学校学术不端行为的通知

（教社科〔2009〕3号）

各省、自治区、直辖市教育厅（教委），新疆生产建设兵团教育局，计划单列市教育局，有关部门（单位）教育司（局），部属各高等学校：

长期以来，高等学校广大教学科研人员坚持理论联系实际，为人师表、严谨治学、潜心研究、献身科学、积极进取、锐意创新，体现了崇高师德，树立了良好学术风气，为教学科研事业做出了重要贡献。但发生在少数人身上的学术不端行为，败坏了学术风气，损害了学校和教师队伍形象，必须采取切实措施加以解决，绝不姑息。为进一步加强高等学校学风建设，惩治学术不端行为，特提出如下要求。

一、高等学校对下列学术不端行为，必须进行严肃处理：（一）抄袭、剽窃、侵吞他人学术成果；（二）篡改他人学术成果；（三）伪造或者篡改数据、文献，捏造事实；（四）伪造注释；（五）未参加创作，在他人学术成果上署名；（六）未经他人许可，不当使用他人署名；（七）其他学术不端行为。

二、高等学校对本校有关机构或者个人的学术不端行为的查处负有直接责任。要遵循客观、公正、合法的原则，坚持标本兼治、综合治理、惩防并举、注重预防的方针，依照国家法律法规和有关规定，建立健全对学术不端行为的惩处机制，制定切实可行的处理办法，做到有法可依、有章可循。

三、高等学校要建立健全处理学术不端行为的工作机构，充分发挥专家的作用，加强惩处行为的权威性、科学性。学术委员会是学校处理学术不端行为的最高学术调查评判机构。学术委员会要设立执行机构，负责推进学校学风建设，调查评判学术不端行为等工作。

四、高等学校党委和行政部门要根据学术不端行为的性质和情节轻重，依照法律法规及有关规定对学术不端行为人给予警告直至开除等行政处分；触犯国家法律的，移送司法机关处理；对于其所从事的学术工作，可采取暂停、终止科研项目并追缴已拨付的项目经费、取消其获得的学术奖励和学术荣誉，以及在一定期限内取消其申请科研项目和学术奖励资格等处理措施。查处结果要在一定范围内公开，接受群众监督。

五、高等学校在调查和处理学术不端行为过程中，要查清事实，掌握证据，明辨是非，规范程序，正确把握政策界限。对举报人要提供必要的保护；对被调查人要维护其人格尊严和正当合法权益；对举报不实、受到不当指控的单位和个人要及时澄清并予以保护。

六、高等学校要将学术道德和学风建设作为深入贯彻落实科学发展观活动的重要内容，广泛开展学风建设的专题讨论，切实提高广大师生的学术自律意识。要把学术道德和学术规范作为教师培训尤其是新教师岗前培训的必修内容，并纳入本专科学生和研究生教育教学之中，把学风表现作为教师考评的重要内容，把学风建设绩效作为高校各级领导干部考核的重要方面，形成学术道德和学术规范教育的长效机制。

七、高等学校要通过校内报刊、电台、电视台、网络、宣传橱窗等各种有效途径和形式，广泛深入地开展学术道德宣传教育活动，发挥学术楷模的示范表率作用和学术不端行为典型案例的教育警示作用，努力营造以遵守学术道德为荣、以违反学术道德为耻的良好氛围。

八、各高校主管部门要认真履行职责，切实加强对所属高校学术不端行为处理工作的领导，制定必要的规章制度，推进高校学风建设工作。各省级教育行政部门对本行政区域内所有高校（含民办高校）学风建设工作进行指导和协调。

九、各地各部门、各部属高校关于严肃处理学术不端行为、加强学风建设的有关落实情况请及时报送我部。年底前,我部将对本《通知》的执行情况进行专项检查。

中华人民共和国教育部
二〇〇九年三月十九日

教育部关于切实加强和改进高等学校学风建设的实施意见

(教技〔2011〕1号)

各省、自治区、直辖市教育厅(教委),新疆生产建设兵团教育局,有关部门(单位)教育司(局),部属各高等学校:

为贯彻党的十七届六中全会"深化政风、行风建设,开展道德领域突出问题专项教育和治理"的精神,落实《国家中长期教育改革和发展规划纲要(2010—2020年)》的要求,坚决反对不良学风,有效遏制学术不端行为,营造风清气正的育人环境和求真务实的学术氛围,教育部决定在"十二五"期间开展高校学风建设专项教育和治理行动,并提出如下实施意见。

一、充分认识高校学风建设的重要性和紧迫性。学风是大学精神的集中体现,是教书育人的本质要求,是高等学校的立校之本、发展之魂。优良学风是提高教育教学质量的根本保证。能否营造一个优良学风环境,关系到高等教育的科学发展和教育事业的兴衰成败。当前,高校的学风总体上是好的。但近一个时期来,在高校教师及学生的教学与科研活动中,急功近利、浮躁浮夸、抄袭剽窃、伪造篡改、买卖论文、考试舞弊等不良现象和不端行为时有发生,严重破坏了教书育人的学术风气,也造成了极其负面的社会影响。切实加强和改进高校学风建设工作已经刻不容缓。

二、坚持标本兼治综合治理的原则。加强高校学风建设,要坚持教育和治理相结合,坚持教育引导、制度规范、监督约束、查处警示,建立并完善弘扬优良学风的长效机制。通过专项教育治理行动,迅速建立学风建设工作体系,明确各地、各部门和高校的责任义务,力争"十二五"期间高校学风和科研诚信整体状况得到明显改观,为保证人才培养质量、提升科学研究水平、增强社会服务能力奠定良好的学风基础。

三、构建学风建设工作体系。教育部设立学风建设办公室，负责制定高校学风建设相关政策，指导检查高校学风建设工作，接受对学术不端行为的举报，指导协调和督促调查处理。各地、各部门要健全学风建设机构，负责所属高校学风建设工作。各高校要建立相应的工作机构和工作机制，负责本校学风建设工作和学术不端行为查处。

四、强化高校的主体责任。高校主要领导是本校学风建设和学术不端行为查处的第一责任人，应有专门领导分工负责学风建设。各地教育部门要将学风建设纳入高校领导班子的考核，完善目标责任制，落实问责机制。高校要将学风建设工作常规化，摆在更加突出的位置，建立健全教育宣传、制度建设、不端行为查处等完整的工作体系，实现学风建设机构、学术规范制度和不端行为查处机制"三落实、三公开"。高校要按年度发布学风建设工作报告。

五、建立学术规范教育制度。坚持把教育作为加强学风和学术道德建设的基础。在师生中加强科学精神教育，注重发挥楷模的教育作用，强调学者的自律意识和自我道德养成。教育部和中国科协共同组织对全国研究生的科学道德和学风建设宣讲教育。教育部科技委组织专家赴各地讲解《科学技术学术规范指南》。各地教育部门要组织实施本地区的宣讲教育。高校要为本专科生开设科学伦理讲座，在研究生中进行学术规范宣讲教育；要把科学道德教育纳入教师岗位培训范畴和职业培训体系，纳入行政管理人员学习范畴。

六、加强教师的科研诚信教育。要把教师队伍学风建设作为高校学风建设专项教育和治理行动实施重点。教师学风建设的重点任务是加强科研诚信。高校要对教师进行每年一轮的科研诚信教育，在教师年度考核中增加科研诚信的内容，建立科研诚信档案。教育引导教师热爱科学、追求真理，抵制投机取巧、粗制滥造、盲目追求数量不顾质量的浮躁风气和行为，把优良学风内化为自觉行动。教师要加强对学生的教育和监督，认真审阅他们的实验记录和论文手稿，以严谨治学的精神和认真负责的作风感染教化学生，力争成为言传身教的榜样和教书育人的楷模。

七、切实改进评价考核导向。尊重人才成长和学术发展规律，避免急功近利和短期行为。各地教育部门在考核评估中,要防止片面量化的倾向,加大质量和贡献指标的权重。正确引导社会的各类高校排行榜更加重视创新质量和贡献。高校在专业技术职务评聘中要体现重创新质量和贡献的导向,全面考察师德、教风、创新和贡献。要防止片面将学术成果、学术奖励和物质报酬、职务晋升挂钩的倾向。

八、发挥专家咨询委员会和学术委员会的作用。教育部社科委、科技委分别成立学风建设委员会,以更加有效地加强高校学风建设。高校要充分发挥学术委员会在学风建设、学术评价、学术发展中的重要作用。学术委员会应积极承担学术规范教育和科研诚信宣传,负责本校学术不端行为调查取证。

九、加强科学研究的过程管理。高校要建立实验原始记录和检查制度、学术成果公示制度、论文答辩前实验数据审查制度、毕业和离职研究材料上缴制度、论文投稿作者签名留存制度等科学严谨的管理制度。进一步完善科研项目评审、学术成果鉴定程序,强化申报信息公开、异议材料复核、网上公示和接受投诉等制度,增加科研管理的公开性和透明度。

十、强化全方位监督和约束。坚持把监督作为加强学风和科研诚信的最好防腐剂。提倡同行监督,科研人员和科研管理人员发现或有正当理由怀疑他人有学术不端行为的,有责任进行投诉。强化行政监督,各地、各部门要切实履行行政监督职责,指导所属高校开展学风教育,完善学术规范,每年进行学风建设工作检查,对于社会影响较大的学术不端投诉,要加强督察督办和具体指导,促使其得到公正公平有效的处理。正确发挥社会监督作用,已经认定的学术不端行为,应该公开事实和处理结果,接受社会力量和新闻媒体的监督。

十一、规范学术不端行为调查程序。各类学术不端行为的举报统一由当事人所在高校组织调查。高校接到举报材料后,由校学术委员会(或学风委员会)组织不少于 5 人的专家组,从学术角度开展独立调查取证,客观公正地提出调查意见,并向当事人公开。如有异议,当事人可向上级主管部门提出异议投诉。调查期间,举报人、被举报人有义务配合调查。调查过程应严格保密。

十二、严肃处理学术不端行为。对于学术不端行为的处理,要遵循实事求是、严肃认真的原则，同时，注意维护当事人的合法权益。学校根据专家组调查意见和有关政策规范做出处理决定，并报上级主管部门。处理方式包括取消申报项目资格、延缓职称或职务晋升、停止招收研究生、解除职务聘任、撤销学位，触犯法律的追究法律责任。经查实的学生学术不端行为，按有关学位、学籍规定处理。如果有证据表明举报人进行了恶意的或不负责任的举报，应对举报人进行相应的教育、警示、处罚，直至追究法律责任。

十三、建立定期检查制度。各地教育部门和高校要在本单位网站上开辟学风建设专栏，公布学风建设年度报告，公开学术不端行为调查处理结果。其中处理结果必须保留3个月以上。教育部每年选择若干单位和高校进行学风建设工作专项巡视。

本意见自发布之日起施行。各主管部门和部属高校要按照本意见精神，结合本单位实际制订实施细则，并报教育部备案。

中华人民共和国教育部
二〇一一年十二月二日

学位论文作假行为处理办法

（中华人民共和国教育部令第34号）

第一条 为规范学位论文管理，推进建立良好学风，提高人才培养质量，严肃处理学位论文作假行为，根据《中华人民共和国学位条例》《中华人民共和国高等教育法》，制定本办法。

第二条 向学位授予单位申请博士、硕士、学士学位所提交的博士学位论文、硕士学位论文和本科学生毕业论文（毕业设计或其他毕业实践环节）（统称为学位论文），出现本办法所列作假情形的，依照本办法的规定处理。

第三条 本办法所称学位论文作假行为包括下列情形：

（一）购买、出售学位论文或者组织学位论文买卖的；

（二）由他人代写、为他人代写学位论文或者组织学位论文代写的；

（三）剽窃他人作品和学术成果的；

（四）伪造数据的；

（五）有其他严重学位论文作假行为的。

第四条 学位申请人员应当恪守学术道德和学术规范，在指导教师指导下独立完成学位论文。

第五条 指导教师应当对学位申请人员进行学术道德、学术规范教育，对其学位论文研究和撰写过程予以指导，对学位论文是否由其独立完成进行审查。

第六条 学位授予单位应当加强学术诚信建设，健全学位论文审查制度，明确责任、规范程序，审核学位论文的真实性、原创性。

第七条 学位申请人员的学位论文出现购买、由他人代写、剽窃或者伪造数据等作假情形的，学位授予单位可以取消其学位申请资格；已经获得学位的，学位授予单位可以依法撤销其学位，并注销学位证书。取消学位申请资格或者撤销学位的处理决定应当向社会公布。从做出处理决定之日起至少3年内，各学位授予单位不得再接受其学位申请。

前款规定的学位申请人员为在读学生的，其所在学校或者学位授予单位可以给予开除学籍处分；为在职人员的，学位授予单位除给予纪律处分外，还应当通报其所在单位。

第八条 为他人代写学位论文、出售学位论文或者组织学位论文买卖、代写的人员，属于在读学生的，其所在学校或者学位授予单位可以给予开除学籍处分；属于学校或者学位授予单位的教师和其他工作人员的，其所在学校或者学位授予单位可以给予开除处分或者解除聘任合同。

第九条 指导教师未履行学术道德和学术规范教育、论文指导和审查把关等职责，其指导的学位论文存在作假情形的，学位授予单位可以给予警告、记过处分；情节严重的，可以降低岗位等级直至给予开除处分或者解除聘任合同。

第十条 学位授予单位应当将学位论文审查情况纳入对学院（系）等学生培养部门的年度考核内容。多次出现学位论文作假或者学位论文作假行为影响恶劣的，学位授予单位应当对该学院（系）等学生培养部门予以通报批评，并可以给予该学院（系）负责人相应的处分。

第十一条 学位授予单位制度不健全、管理混乱，多次出现学位论文作假或者学位论文作假行为影响恶劣的，国务院学位委员会或者省、自治区、直辖市人民政府学位委员会可以暂停或者撤销其相应学科、专业授予学位的资格；国务院教育行政部门或者省、自治区、直辖市人民政府教育行政部门可以核减其招生计划；并由有关主管部门按照国家有关规定对负有直接管理责任的学位授予单位负责人进行问责。

第十二条 发现学位论文有作假嫌疑的，学位授予单位应当确定学术委员会或者其他负有相应职责的机构，必要时可以委托专家组成的专门机构，对其进行调查认定。

第十三条 对学位申请人员、指导教师及其他有关人员做出处理决定前，应当告知并听取当事人的陈述和申辩。

当事人对处理决定不服的，可以依法提出申诉、申请行政复议或者提起行政诉讼。

第十四条 社会中介组织、互联网站和个人，组织或者参与学位论文买卖、代写的，由有关主管机关依法查处。

学位论文作假行为违反有关法律法规规定的，依照有关法律法规的规定追究法律责任。

第十五条 学位授予单位应当依据本办法，制定、完善本单位的相关管理规定。

第十六条 本办法自 2013 年 1 月 1 日起施行。

高等学校预防与处理学术不端行为办法

（中华人民共和国教育部令第 40 号）

第一章 总 则

第一条 为有效预防和严肃查处高等学校发生的学术不端行为，维护学术诚信，促进学术创新和发展，根据《中华人民共和国高等教育法》《中华人民共和国科学技术进步法》《中华人民共和国学位条例》等法律法规，制定本办法。

第二条 本办法所称学术不端行为是指高等学校及其教学科研人员、管理人员和学生,在科学研究及相关活动中发生的违反公认的学术准则、违背学术诚信的行为。

第三条 高等学校预防与处理学术不端行为应坚持预防为主、教育与惩戒结合的原则。

第四条 教育部、国务院有关部门和省级教育部门负责制定高等学校学风建设的宏观政策,指导和监督高等学校学风建设工作,建立健全对所主管高等学校重大学术不端行为的处理机制,建立高校学术不端行为的通报与相关信息公开制度。

第五条 高等学校是学术不端行为预防与处理的主体。高等学校应当建设集教育、预防、监督、惩治于一体的学术诚信体系,建立由主要负责人领导的学风建设工作机制,明确职责分工;依据本办法完善本校学术不端行为预防与处理的规则与程序。

高等学校应当充分发挥学术委员会在学风建设方面的作用,支持和保障学术委员会依法履行职责,调查、认定学术不端行为。

第二章 教育与预防

第六条 高等学校应当完善学术治理体系,建立科学公正的学术评价和学术发展制度,营造鼓励创新、宽容失败、不骄不躁、风清气正的学术环境。

高等学校教学科研人员、管理人员、学生在科研活动中应当遵循实事求是的科学精神和严谨认真的治学态度,恪守学术诚信,遵循学术准则,尊重和保护他人知识产权等合法权益。

第七条 高等学校应当将学术规范和学术诚信教育,作为教师培训和学生教育的必要内容,以多种形式开展教育、培训。

教师对其指导的学生应当进行学术规范、学术诚信教育和指导,对学生公开发表论文、研究和撰写学位论文是否符合学术规范、学术诚信要求,进行必要的检查与审核。

第八条 高等学校应当利用信息技术等手段,建立对学术成果、学位论文所涉及内容的知识产权查询制度,健全学术规范监督机制。

第九条 高等学校应当建立健全科研管理制度,在合理期限内保存研究的原始数据和资料,保证科研档案和数据的真实性、完整性。

高等学校应当完善科研项目评审、学术成果鉴定程序,结合学科特点,对非涉密的科研项目申报材料、学术成果的基本信息以适当方式进行公开。

第十条 高等学校应当遵循学术研究规律,建立科学的学术水平考核评价标准、办法,引导教学科研人员和学生潜心研究,形成具有创新性、独创性的研究成果。

第十一条 高等学校应当建立教学科研人员学术诚信记录,在年度考核、职称评定、岗位聘用、课题立项、人才计划、评优奖励中强化学术诚信考核。

第三章 受理与调查

第十二条 高等学校应当明确具体部门,负责受理社会组织、个人对本校教学科研人员、管理人员及学生学术不端行为的举报;有条件的,可以设立专门岗位或者指定专人,负责学术诚信和不端行为举报相关事宜的咨询、受理、调查等工作。

第十三条 对学术不端行为的举报,一般应当以书面方式实名提出,并符合下列条件:

(一)有明确的举报对象;
(二)有实施学术不端行为的事实;
(三)有客观的证据材料或者查证线索。

以匿名方式举报,但事实清楚、证据充分或者线索明确的,高等学校应当视情况予以受理。

第十四条 高等学校对媒体公开报道、其他学术机构或者社会组织主动披露的涉及本校人员的学术不端行为,应当依据职权,主动进行调查处理。

第十五条 高等学校受理机构认为举报材料符合条件的,应当及时作出受理决定,并通知举报人。不予受理的,应当书面说明理由。

第十六条 学术不端行为举报受理后,应当交由学校学术委员会按照相关程序组织开展调查。

学术委员会可委托有关专家就举报内容的合理性、调查的可能性等进行初步审查，并作出是否进入正式调查的决定。

决定不进入正式调查的，应当告知举报人。举报人如有新的证据，可以提出异议。异议成立的，应当进入正式调查。

第十七条 高等学校学术委员会决定进入正式调查的，应当通知被举报人。

被调查行为涉及资助项目的，可以同时通知项目资助方。

第十八条 高等学校学术委员会应当组成调查组，负责对被举报行为进行调查；但对事实清楚、证据确凿、情节简单的被举报行为，也可以采用简易调查程序，具体办法由学术委员会确定。

调查组应当不少于3人，必要时应当包括学校纪检、监察机构指派的工作人员，可以邀请同行专家参与调查或者以咨询等方式提供学术判断。

被调查行为涉及资助项目的，可以邀请项目资助方委派相关专业人员参与调查组。

第十九条 调查组的组成人员与举报人或者被举报人有合作研究、亲属或者导师学生等直接利害关系的，应当回避。

第二十条 调查可通过查询资料、现场查看、实验检验、询问证人、询问举报人和被举报人等方式进行。调查组认为有必要的，可以委托无利害关系的专家或者第三方专业机构就有关事项进行独立调查或者验证。

第二十一条 调查组在调查过程中，应当认真听取被举报人的陈述、申辩，对有关事实、理由和证据进行核实；认为必要的，可以采取听证方式。

第二十二条 有关单位和个人应当为调查组开展工作提供必要的便利和协助。

举报人、被举报人、证人及其他有关人员应当如实回答询问，配合调查，提供相关证据材料，不得隐瞒或者提供虚假信息。

第二十三条 调查过程中，出现知识产权等争议引发的法律纠纷的，且该争议可能影响行为定性的，应当中止调查，待争议解决后重启调查。

第二十四条 调查组应当在查清事实的基础上形成调查报告。调查报告应当包括学术不端行为责任人的确认、调查过程、事实认定及理由、调查结论等。

学术不端行为由多人集体做出的,调查报告中应当区别各责任人在行为中所发挥的作用。

第二十五条 接触举报材料和参与调查处理的人员,不得向无关人员透露举报人、被举报人个人信息及调查情况。

第四章 认 定

第二十六条 高等学校学术委员会应当对调查组提交的调查报告进行审查;必要的,应当听取调查组的汇报。

学术委员会可以召开全体会议或者授权专门委员会对被调查行为是否构成学术不端行为以及行为的性质、情节等作出认定结论,并依职权作出处理或建议学校作出相应处理。

第二十七条 经调查,确认被举报人在科学研究及相关活动中有下列行为之一的,应当认定为构成学术不端行为:

(一) 剽窃、抄袭、侵占他人学术成果;

(二) 篡改他人研究成果;

(三) 伪造科研数据、资料、文献、注释,或者捏造事实、编造虚假研究成果;

(四) 未参加研究或创作而在研究成果、学术论文上署名,未经他人许可而不当使用他人署名,虚构合作者共同署名,或者多人共同完成研究而在成果中未注明他人工作、贡献;

(五) 在申报课题、成果、奖励和职务评审评定、申请学位等过程中提供虚假学术信息;

(六) 买卖论文、由他人代写或者为他人代写论文;

(七) 其他根据高等学校或者有关学术组织、相关科研管理机构制定的规则,属于学术不端的行为。

第二十八条 有学术不端行为且有下列情形之一的,应当认定为情节严重:

(一) 造成恶劣影响的;

（二）存在利益输送或者利益交换的；

（三）对举报人进行打击报复的；

（四）有组织实施学术不端行为的；

（五）多次实施学术不端行为的；

（六）其他造成严重后果或者恶劣影响的。

第五章 处　理

第二十九条 高等学校应当根据学术委员会的认定结论和处理建议，结合行为性质和情节轻重，依职权和规定程序对学术不端行为责任人作出如下处理：

（一）通报批评；

（二）终止或者撤销相关的科研项目，并在一定期限内取消申请资格；

（三）撤销学术奖励或者荣誉称号；

（四）辞退或解聘；

（五）法律、法规及规章规定的其他处理措施。

同时，可以依照有关规定，给予警告、记过、降低岗位等级或者撤职、开除等处分。

学术不端行为责任人获得有关部门、机构设立的科研项目、学术奖励或者荣誉称号等利益的，学校应当同时向有关主管部门提出处理建议。

学生有学术不端行为的，还应当按照学生管理的相关规定，给予相应的学籍处分。

学术不端行为与获得学位有直接关联的，由学位授予单位作暂缓授予学位、不授予学位或者依法撤销学位等处理。

第三十条 高等学校对学术不端行为作出处理决定，应当制作处理决定书，载明以下内容：

（一）责任人的基本情况；

（二）经查证的学术不端行为事实；

（三）处理意见和依据；

（四）救济途径和期限；

（五）其他必要内容。

第三十一条 经调查认定，不构成学术不端行为的，根据被举报人申请，高等学校应当通过一定方式为其消除影响、恢复名誉等。

调查处理过程中，发现举报人存在捏造事实、诬告陷害等行为的，应当认定为举报不实或者虚假举报，举报人应当承担相应责任。属于本单位人员的，高等学校应当按照有关规定给予处理；不属于本单位人员的，应通报其所在单位，并提出处理建议。

第三十二条 参与举报受理、调查和处理的人员违反保密等规定，造成不良影响的，按照有关规定给予处分或其他处理。

第六章 复 核

第三十三条 举报人或者学术不端行为责任人对处理决定不服的，可以在收到处理决定之日起 30 日内，以书面形式向高等学校提出异议或者复核申请。

异议和复核不影响处理决定的执行。

第三十四条 高等学校收到异议或者复核申请后，应当交由学术委员会组织讨论，并于 15 日内作出是否受理的决定。

决定受理的，学校或者学术委员会可以另行组织调查组或者委托第三方机构进行调查；决定不予受理的，应当书面通知当事人。

第三十五条 当事人对复核决定不服，仍以同一事实和理由提出异议或者申请复核的，不予受理；向有关主管部门提出申诉的，按照相关规定执行。

第七章 监 督

第三十六条 高等学校应当按年度发布学风建设工作报告，并向社会公开，接受社会监督。

第三十七条 高等学校处理学术不端行为推诿塞责、隐瞒包庇、查处不力的，主管部门可以直接组织或者委托相关机构查处。

第三十八条 高等学校对本校发生的学术不端行为，未能及时查处并做出公正结论，造成恶劣影响的，主管部门应当追究相关领导的责任，并进行通报。

高等学校为获得相关利益，有组织实施学术不端行为的，主管部门调查确认后，应当撤销高等学校由此获得的相关权利、项目以及其他利益，并追究学校主要负责人、直接负责人的责任。

第八章　附　　则

第三十九条　高等学校应当根据本办法，结合学校实际和学科特点，制定本校学术不端行为查处规则及处理办法，明确各类学术不端行为的惩处标准。有关规则应当经学校学术委员会和教职工代表大会讨论通过。

第四十条　高等学校主管部门对直接受理的学术不端案件，可自行组织调查组或者指定、委托高等学校、有关机构组织调查、认定。对学术不端行为责任人的处理，根据本办法及国家有关规定执行。

教育系统所属科研机构及其他单位有关人员学术不端行为的调查与处理，可参照本办法执行。

第四十一条　本办法自 2016 年 9 月 1 日起施行。

教育部此前发布的有关规章、文件中的相关规定与本办法不一致的，以本办法为准。

教育部办公厅关于严厉查处高等学校学位论文买卖、代写行为的通知

（教督厅函〔2018〕6 号）

各省、自治区、直辖市教育厅（教委），新疆生产建设兵团教育局，有关部门（单位）教育司（局），部属各高等学校：

近年来，在各级教育行政部门、学位授予单位和指导教师的共同努力下，学位论文作假行为得到有效遏制，人才培养质量得到明显提升。但由于部分学位授予单位在学风建设、学术诚信养成、学位论文审查等方面还存在薄弱环节，学位论文买卖、代写行为仍时有发生，造成了不良社会影响。为进一步规范学位论文管理，加强学术诚信建设，提高人才培养质量，现就有关事项通知如下。

一、切实提高认识。学位论文是实现人才培养目标的重要环节，是进行

科学研究训练的重要途径，是学生毕业与学位资格认证的重要依据，各省级教育行政部门和学位授予单位要高度重视，充分认识严厉查处学位论文买卖、代写行为的重要性和紧迫性，进一步增强责任意识，健全制度机制，强化学风建设，严格论文审查，严厉查处学位论文买卖、代写等作假行为。

二、完善工作机制。各省级教育行政部门要加强与当地网信、市场监管、公安等有关部门在信息沟通、专项整治等方面的协调配合，对发现的涉及学位论文买卖、代写等违法违规信息和行为，要及时向上述部门通报，会同相关部门采取针对性措施予以整治，形成常态化的查处工作机制。学位授予单位要认真落实《学位论文作假行为处理办法》《高等学校预防与处理学术不端行为办法》要求，加强学风建设，强化学术诚信教育，明确工作职责，健全考评体系，完善查处办法，规范查处程序，加大惩戒力度。

三、严格责任落实。各省级教育行政部门是查处学位论文买卖、代写行为的监管主体，要切实加强统筹指导，完善政策制度，细化工作举措，健全监督机制，规范处理流程，强化部门协调，及时开展专项整治。学位授予单位是查处学位论文买卖、代写行为的责任主体，要明确单位有关部门、学位委员会、学术委员会和指导教师职责，加强学位论文全过程管理，及时摸排并报告论文买卖、代写信息和行为。指导教师是查处学位论文买卖、代写行为的第一责任人，要加强对学生学术道德、学术规范的教育，加强对学位论文研究及撰写过程的指导，并对学位论文是否由其独立完成进行审查，确保原创性。

四、加强教育宣传。学位授予单位要切实加强学风建设，激发学生内在学习动力，培养专业学习兴趣，强化学术规范训练，提升学生科研能力和学术素养。切实加强学术道德和诚信教育，引导学生养成实事求是的科学精神和严谨认真的治学态度。指导教师要自觉加强师德师风建设，强化学科知识传授、科研方法指导和学术规范教导，教育和引领学生恪守学术诚信，遵守学术准则。要广泛宣传学位论文买卖、代写行为危害和典型案例，曝光查处的违法违规行为，引导教师、学生自觉抵制学位论文作假行为。

五、强化监督检查。各省级教育行政部门和学位授予单位要设置学位论文买卖、代写行为处理举报电话，主动接受社会监督举报。要按照相关政策要求，认真做好学位论文抽检工作。学位授予单位要利用信息技术手段，加强对学位论文原创性审查。教育部将依据学位论文作假行为处理备案信息平台和有关动态监测数据，对学位授予单位进行专项督导。

六、严肃责任追究。教育行政部门要严格落实学位论文作假处理有关规定，对不履行主体责任，出现学位论文买卖、代写行为的学位授予单位，要视情节轻重分别核减招生计划，国家学位主管部门可暂停或撤销相应学科、专业授予学位的资格，有关主管部门按照国家有关规定对负有直接责任的单位负责人进行问责。对履职不力、所指导学生的学位论文存在买卖、代写情形的指导教师，要追究其失职责任。对参与购买、代写学位论文的学生，给予开除学籍处分。已获得学历证书、学位证书的，依法予以撤销。被撤销的学历证书、学位证书已注册的，应当予以注销并报教育行政部门宣布无效。

各省级教育行政部门、有关部门（单位）教育司（局）和部属各高等学校要抓紧部署一次专项检查，并于2018年9月15日前以公函形式将开展学位论文买卖、代写行为处理工作专项检查情况报送我部教育督导局（纸质材料和电子材料各一份）。

教育部办公厅
2018年7月4日

附录2 江西农业大学学位论文书写及印制规定（修订）

学位论文是研究生培养质量和学术水平的集中体现，高质量、高水平的学位论文不仅在内容上具有创新性，而且在表达方式上具有一定的规范性和严谨性。学位论文在撰写时应符合《学位论文编写规则》（中华人民共和国国家标准GB/T 7713.1—2006）的一般格式和要求。为了进一步规范我校研究生的学位论文格式，特对我校研究生学位论文的书写及印制作如下规定。

一、用纸与印制

硕士学位论文封面颜色为浅草绿色，博士学位论文封面颜色为朱红色。内页用A4纸双面印刷。

二、学位论文封面、书脊

1. 封面上的内容、格式按学校指定的式样制作。书脊上须注明学号、论文题目、作者姓名、论文上交年月。

2. 论文题目应能概括整个论文主要内容，简练、确切，一般不超过36个字节，同时要译成英文。

3. 学科名称，严格按照国务院学位委员会最新颁布的《授予博士、硕士学位和培养研究生的学科、专业目录》规范填写。

4. 指导教师须经江西农业大学学位评定委员会正式批准聘任，最多不超过三位，专业学位研究生导师必须实行双导师制。

三、独创性声明及论文使用授权的说明

若学位论文研究课题系某项目资助，请注明项目名称（中英文）及其编号，并置于独创性声明页面之前。

学位论文的独创性声明，是为了进一步强化论文作者的学术道德，规范学术行为。因此，论文作者必须对所提交的论文逐份亲笔签名承诺。

学位论文是研究生和指导教师智慧的结晶，版权属作者个人所有。但是，学位论文也是学校的宝贵资源。学校有权采用影印、缩印、电子版或其他复制手段保存论文；允许论文被查阅和借阅，并按有关规定送交论文的原件、复印件或公布全文内容。因此，论文作者须声明是否同意授权学校对论文的使用权。论文使用授权的说明与独创性声明都安排在论文的第一页。

四、目 录

目录应是论文的提纲，也是论文组成部分的标题。目录应列出通篇论文的大、小标题，分层次逐项标明页码。

五、摘 要

摘要置于目录之后。

论文摘要是博士、硕士学位论文的缩影，文字要简练、明确。

1. 中文摘要：中文摘要语言力求精练。硕士学位论文摘要的字数一般为 500 字左右，博士学位论文摘要的字数为 800~1 000 字。内容包括研究工作目的、研究方法、所取得的结果和结论，应突出本论文的创造性成果或新见解，语言精练。摘要应当具有独立性，即不阅读论文的全文，就能获得论文所能提供的主要信息。

为了便于文献检索，应在本页下方另起一行注明论文的关键词（3~5 个并用分号隔开，不超过 30 个字节）。

2. 英文摘要：另起一页，内容应与中文摘要相同。

六、正 文

1. 题目与封面上的相同，仅使用中文题目。

2. 引言可包括：论文的主题和选题的范围，该研究在国民经济中的实用价值与理论意义，对本论文研究的主要内容的文献评述，本论文所要解决的问题等。

3. 正文是学位论文的主体，要着重反映研究生自己的工作，要突出新的见解，例如：新思想、新观点、新规律、新研究方法、新结果等。

学位论文行文时，须符合科技论文应具备的"正确、准确、明确"的要求。要求逻辑性强、论点正确、推理严谨、数据可靠、文字精练、文理分明、文字图表清晰整齐，计算单位采用国务院颁布的《统一公制计量单位中文名称方案》中规定和名称。各类单位、符号在论文中使用必须前后一致；外文字母必须注意大小写、正斜体；简化字采用正式公布过的，不能自造和误写。利用他人的研究成果必须附加说明。

论文内容应简练、重点突出，不要叙述专业方面的常识性内容。各章节之间应密切联系，形成一个整体。

4. 结论是理论分析和实验结果的逻辑发展，是整篇论文的归宿，是在理论分析、实验结果的基础上经过分析、推理、判断、归纳的过程而形成的总观点，结论必须完整、准确、鲜明，使人一看结论就能全面了解论文的意义、目的和工作内容；要突出与前人不同的新见解，认真阐述自己的创新性工作在本领域中的地位、作用和意义；严格区分申请人的成果与导师科研工作的界限。

如果不可能得出明确结论，也可以没有结论而进行必要的讨论。

七、参考文献

参考文献须列出论文作者阅读过，在正文中引用过的正式发表的文献资料。参考文献一律放在论文结论后。参考文献的写法应按照《信息与文献 参考文献著录规则》（GB/T 7714—2015）的要求。

八、主要符号表

如果论文中使用了大量的物理量符号、标志、缩略词、专门计量单位、自定义名词和术语等，应编写成注释说明汇集表。假如上述物理量符号、标志、缩略词、专门计量单位、自定义名词和术语等使用数量不多，可以不设专门的汇集表，而在论文中出现时加以说明。

九、附　录

附录的内容包括：正文内过于冗长的公式推导；方便他人阅读所需的辅助性数学工具或表格；重复性数据和图表；论文使用的主要符号的说明；程序说明和程序全文。

十、致　谢

致谢对象限于在学术方面，对论文的完成有较重要帮助的团体和人士（限1页，200字左右）。

十一、学位论文的字数

博士学位论文字数自然科学类不低于6万字，社会科学类不低于8万字；硕士学位论文字数自然科学类不低于2.5万字，社会科学类不低于3万字（不含中英文摘要、参考文献、附录和致谢部分），错、漏字率在5‰以下。

十二、送审论文要求

送专家评审的学位论文，隐去与论文作者、指导教师、学校名称有关的信息。

十三、上交论文要求

最终提交研究生院、图书馆的电子版本论文（务必插入作者及指导教师手写亲笔签名的独创性声明扫描件，并在是否保密进行勾选，如勾选保密须填写保密年限）须与定稿纸质论文内容完全一致。

本规定自发布之日起实行，此前所有研究生学位论文格式一律废止。

附件：2-1. 江西农业大学学位论文版式与字型要求

2-2. 非全日制专业学位硕士学位论文封面

2-3. 书脊的书写

2-4. 独创性声明和论文使用授权的说明

2-5. 目录

江西农业大学研究生院

二〇二一年一月二十五日

附件 2-1：江西农业大学学位论文版式与字型要求

1. 封面与书脊
2. 独创性声明及论文使用授权的说明
3. 目录

目###录（三号，宋体，居中）

1　×××××（四号，宋体）………………………… 1

1.1　×××××（小四，宋体）……………………… 1

1.1.1　×××××（小四，宋体）…………………… 2

4. 摘要

摘##要（三号，宋体加粗，居中）

内容摘要：××××××××××。（小四，宋体）

关键词：××××；××××；××××（小四，宋体加粗）

另起一页

Abstract（三号，Time New Roman 加粗，居中）

Content：××××××××××.（小四，Times New Roman 字体）

Key words：××××；××××；××××（小四，Times New Roman 加粗）

5. 正文

纸张的上方和左侧留 30 mm 的边，下方和右侧边留 25 mm 的边，页眉边距：23 mm，页脚边距：18 mm。

6. 页眉和页码

页眉：5 号 GB2312 楷体，居中；页码小 5 号宋体，置于页脚，居中。

非正文部分的页眉格式：

_____（目录、摘要、参考文献、致谢等）（居中）_____

正文部分页眉格式：

奇页：_____章节题名（居中）_____

偶页：_____论文题目（居中）_____

页码从第一章开始按阿拉伯数字连续编排。第一章之前的页码用罗马数字单独编排。

7. 标题

大标题（4）宋体小三号加粗

一级节标题（4.1）宋体四号加粗

二级节标题（4.1.1）宋体小四号加粗

三级节标题（4.1.1.1）宋体小四号加粗

正文宋体小四号，行间距为18磅

8. 参考文献

参考文献一律放在结论之后，不得放在各章之后。

在文内相应位置上按顺序标注，在正文末尾列出条目来源。

"参考文献"四字宋体小四号加粗居中，参考文献内容用五号字。书写顺序：序号（空1格）作者. 文献题目. 刊物名称. 年，卷（期）：页码.

[1] 张昆，冯立群，余昌钰，等. 球面齿轮设计研究［J］（期刊文章）. 清华大学学报，1994，34（2）：1-7.

[2] 竺可桢. 物理学［M］（专著）. 北京：科学出版社，1973：56-60.

[3] Dupont B. Bone marrow transplantation in severe combined immunodeficiency with an unrelated MLC compatible donor ［C］（论文集）. In：White H J，Smith R，eds. Proceedings of the Third Annual Meeting of the International Society for Experimental Hematology. Houston：International Society for Experimental Hematology，1974：44-46.

[4] 张筑生. 微分半动力系统的不变集［D］（学位论文）. 北京：清华大学数学研究所，1987.

[5] 姜锡洲. 一种温热外敷药制备方法［P］（专利文献）. 881056073，1980-07-26.

[6] 中华人民共和国国家技术监督局. GB 3100~3102［S］［国际、国家（技术）标准］. 中华人民共和国法定计量单位. 北京：中国标准出版社，1994-11-01.

9. 图、表、公式等

①图形要精选，要具有自明性，切忌与表及文字表述重复。图形坐标比例不宜过大，同一图形中不同曲线的图标应采用不同的形状和不同颜色的连线。文中所列图形应有所选择，照片不得直接粘贴，须经扫描后以图

片形式插入。图中术语、符号、单位等应与正文中表述一致。图序、标题、图例说明居中并置于图的下方。

②文中表格均采用标准表格形式：三线表。表中参数应标明量和单位。标题居中置于表的上方，表注置于表的下方。

③图、表应与说明文字相配合，图形不能跨页显示，表格一般放在同一页内显示。

④公式一般居中对齐，公式编号用小括号括起，右对齐，其间不加线条。

⑤文中的图、表、公式、附注等一律用阿拉伯数字按章节（或连续）编号，如图1-1，表2-2，式（3-10）等。

⑥格式

表：表居中排

中文表头：表1.1（空2格）××××（5号宋体加粗居中），表内与表注字5号宋体

英文表头：Table 1.1（空2格）××××（5号Times New Roman居中）

图：图居中排

中文图标题：图1.1（空2格）××××（5号宋体加粗居中），图注5号宋体

英文图标题：Fig. 1.1（空2格）××××（5号Times New Roman居中）

注：论文中的表、图、公式按章用阿拉伯数字编号，表与图的标题采用中英文对照形式。

10. 量和单位

应严格执行GB 3100~3102有关量和单位的规定（参阅《常用量和单位》，计量出版社，1996）。单位名称的书写，可采用国际通用符号，也可用中文名称，但全文应统一，不要两种混用。

11. 致谢

12. 附录

凡不宜放在论文正文中，但又与论文有关的研究过程或资料，如较为冗长的公式推导、重复性或者辅助性数据图表、计算程序及有关说明等，均应放入附录。

13. 作者简历

内容一般包括：姓名、性别、出生日期、籍贯、最后学历（学位）、毕

业院校、工作经历；在学期间参加的研究项目、发表论文、申请专利、获奖情况等。学术论文应正式发表，或有正式录用函。著作及学术论文等的书写格式要求与参考文献相同。

14. 其他

凡未作特殊要求的，根据具体情况而定。

附件 2-2：非全日制专业学位硕士学位论文封面

分类号：三号，宋体加粗	学校代码：　10410
密　级：	学　号：

江西农业大学

非全日制专业学位硕士学位论文

（中文论文题目）（一号，宋体加粗，居中，字数多时，可酌情缩小）

（英文论文题目）（一号，宋体加粗，居中，字数多时，可酌情缩小）

（以下三号，宋体加粗）

申　请　人：＿＿＿＿＿＿＿＿

指 导 教 师：＿＿＿＿＿（姓名、职称）

校外指导教师：＿＿＿＿＿（姓名、职称）

专 业 领 域：＿＿＿＿＿＿＿＿

所在培养单位：＿＿＿＿＿＿＿＿

论文提交日期：＿＿＿＿＿＿＿＿

附件 2-3：书脊的书写

学位论文的书脊用宋体书写，上方写学号、论文题目，下方写申请人姓名、论文上交年月，距上下页边均为 3 cm，如下图所示。

附件 2-4：独创性声明和论文使用授权的说明

独创性声明

本人声明，所呈交的学位论文，是在指导教师指导下，通过我的努力取得的成果，并且是自己撰写的。尽我所知，除了文中作了标注和致谢中已经作了答谢的地方外，论文中不包含其他人发表或撰写过的研究成果，也不包含在江西农业大学或其他教育机构获得学位或证书而使用过的材料。与我一同对本研究作出贡献的同志，都在论文中作了明确的说明并表示了谢意。如被查有严重侵犯他人知识产权的行为，由本人承担应有的责任。

学位论文作者亲笔签名：_____ 日期：_____

论文使用授权的说明

本人完全了解江西农业大学有关保留、使用学位论文的规定，即学校有权送交论文的复印件和电子版，允许论文被查阅和借阅；学校可以公布论文的全部或部分内容，可以采用影印、缩印或其他复制手段保存论文。

保密，在____年后解密可适用本授权书。□
不保密，本学位论文属于不保密。□
（请在方框内打"√"）

学位论文作者亲笔签名：_____ 日期：_____
指导教师亲笔签名：_____ 日期：_____

附件 2-5：目录

目 录

[三号，宋体加粗，居中]

[四号宋体]

摘要 [小四号宋体] ·· I
英文摘要 ··· II
1 绪论 ·· 1
1.1 研究目的和意义 [小四号宋体] ································· 1
1.1.1 研究目的 ·· 2
1.2 国内外研究现状 ··· 3
1.2.1 国外目前研究进展 ······································ 3
1.3 研究内容和方法 ··· 6
1.3.1 研究内容 ·· 6

2 水稻 6442S 的不育性遗传分析 ··································· 10
2.1 材料和方法 ·· 10
2.2 遗传模型的建立和参数的估计 ································ 11
2.3 结果与分析 ·· 14

3 水稻 6442S 不育基因的 SSR 分子标记 ···························· 18
3.1 试验设计 ·· 18
3.2 试验分析 ·· 23

4 结论与展望 ··· 30

参考文献 ·· 32

致谢 ·· 33

附录3 公共管理硕士专业学位论文类型与撰写指导性意见（试行）（2018年版本）

MPA学位论文的写作是MPA研究生培养的重要环节，MPA学位论文可分为学术型和应用型等，以应用型为主。MPA应用型学位论文的选题及撰写可参考以下四种类型及要求，即案例分析型论文、调研报告型论文、问题研究型论文、政策分析型论文。

MPA案例分析型论文的基本要求

一、案例分析型论文的选题

案例分析型论文应针对公共管理实践的典型事件，主要采用实证调研与数据挖掘等方式获取资料与数据，形成完整的案例描述，并基于公共管理的理论和方法对案例进行深入分析，分析案例的成因，提出案例的解决方案，总结案例的经验教训以及理论提炼与拓展，提供公共管理的实践经验材料与理论和方法支持。

二、案例分析型论文的构成

案例分析型论文正文应包括绪论、案例描述、案例分析、研究发现或结论四个部分。

1. 绪　论

提出案例选题的背景、目的与意义；评述相关主题的国内外研究进展，阐明所选取案例的代表性或典型性；提炼研究的问题与内容；建立分析框架及选取研究方法。

2. 案例描述

简述案例发生的背景和案例获取的主要渠道；介绍案例的时间、地点、人物和事件及其经过，可以按照时间顺序或者事件发生的逻辑关联，描述案例事件的起因和演化。案例描述的整体篇幅不超过全文的30%。

3. 案例分析

基于建立起来分析框架及选取的研究方法，展开对案例的深入分析，分析案例及其问题的成因，总结案例的经验教训，提出案例的解决方案以及成功经验可推广可复制的路径等。

4. 研究发现或结论

对本案例进行总结。在提炼解决本案例或者同类案例问题的基础上，对案例相关的实践、政策和理论问题进行深化或拓展性思考。

三、案例分析型论文的其他要求

（1）案例所反映的内容必须真实有效，必须有作者收集的第一手资料、访谈内容或统计数据。

（2）所选案例必须具有一定的典型性和代表性，若涉及案例调查单位（案主）利益或对案主产生影响，应当取得案主的同意。

（3）案例分析型论文的字体、字号等文本格式规范参照各学校专业硕士学位论文的标准执行。

（4）案例分析型论文的正文原则上不少于2万字。

（5）各个学校可在此基础上进行细化要求。

MPA调研报告型论文的基本要求

一、调研报告型论文的选题

调研报告型论文是以公共管理实践中的某项工作、存在的某类问题、发生的某个事件为研究对象，运用科学的研究方法（定性或定量），对某项工作、某类问题或某个事件进行了解、梳理，并将了解到的全部情况和材料进行"去粗取精、去伪存真、由此及彼、由表及里"的分析研究，揭示出本质，寻找出规律，总结出经验，得出研究结论，为公共管理实践提供理论、经验和方法支持。

二、调研报告型论文的构成

调研报告型论文正文应包括绪论、调查研究设计、调研结果描述、调研结果分析、对策建议和附录六个部分。

1. 绪　论

提出调研专题的背景、目的与意义，即为什么对这个专题（工作、事件或问题）进行调查研究；对国内外已有研究成果进行文献综述与评价；提炼调研的问题与内容；建立分析框架以及选取研究方法。

2. 调查研究设计

介绍调查的时间、地点、对象、范围，阐明调查对象的选取和调研过程；介绍采用的调研手段或方法，如问卷调查、个案研究、访谈调查、数据挖掘等，对调查的信度与效度进行检验；说明调查的环节、重点、难点等。

3. 调研结果描述

对调查结果进行初步描述性分析，呈现调查得到的基本数据、重要事实、总体状况，为总结分析、查找原因、提出对策建议做好基础性准备工作。

4. 调研结果分析

运用公共管理的相关理论或方法对调查结果进行深入分析，或总结经验或揭示规律或发现问题，并运用调查的数据和材料对成因进行分析。

5. 对策建议

基于调查结果分析，或将经验进行升华并提出可推广可复制的价值与路径；或针对存在的问题及成因，提出有针对性的解决与改进的措施。对策建议要有一定的可行性和适用性。

三、调研报告型论文的其他要求

（1）调研报告型论文的字体、字号等文本格式规范参照各学校专业硕士学位论文的标准执行。

（2）调研报告型论文必须有附录资料。这些资料包括调查问卷、访谈提纲、访谈记录、档案复印件、数据来源等。

（3）调研报告型论文的正文原则上不少于2万字。

（4）各个学校可在此基础上进行细化要求。

MPA 问题研究型论文的基本要求

一、问题研究型论文的选题

问题研究型论文应针对公共管理领域内具有理论价值或实践意义的现实问题，运用公共管理的相关理论和方法辨析问题、分析成因，提出解决问题方案，并进行可行性论证，为公共管理改革、决策和发展提供经验、理论和方法的支持。

二、问题研究型论文的构成

问题研究型论文正文应包括绪论、理论基础、问题与成因分析、解决问题的方案或对策、结论与建议五个部分。

1. 绪　论

包括选题依据（研究的背景与意义）；文献综述（研究和实践进展评述）；研究内容与主题；研究方法及技术路线等内容。

2. 理论基础

阐明本选题研究的理论依据，或进行理论及分析框架建构与论证。

3. 问题与成因分析

描述问题产生的环境，指出问题及其成因。问题与成因分析要有理有据，逻辑清晰，资料数据来源可靠，针对性强。

4. 提出解决问题的新思路

针对问题及其产生的原因，对比分析国内外的解决方案，提出具有可行性的解决思路。

5. 结论与建议

概括研究结论，有针对性地提出解决同类问题的对策或建议。

三、问题研究型论文的其他要求

（1）问题研究型论文的字体、字号等文本格式规范参照各学校专业硕士学位论文的标准执行。

（2）问题研究型论文的正文原则上不少于 2 万字。

（3）各个学校可在此基础上进行细化要求。

MPA 政策分析型论文的基本要求

一、政策分析型论文的选题

政策分析的程序及内容涉及政策的议程设置、问题界定、目标设立、方案规划、后果预测、方案抉择、执行与监测、评估与终结、调整与变迁等。政策分析型论文指的是对于一个（或一类）政策的制定、执行、评估、监控、终结和变迁以及政策内容进行研究，可以对一个（或一类）政策的内容的某个方面，政策过程某个环节或全过程进行分析，也可以对不同领域以及不同国家或地区的政策做比较研究。

二、政策分析型论文的构成

政策分析型论文正文应包括绪论、理论基础、政策描述、政策分析、结论五个方面的内容。

1. 绪　论

包括选题依据（研究的背景与意义）；文献综述（国内外研究进展评述）；研究内容与思路；研究方法及技术路线。

2. 理论基础

阐明本项政策研究的理论依据，进行分析框架、评估模型和评估指标体系、比较的维度等的建构与论证。

3. 政策描述

描述所要研究政策的背景、内容与演化、相关的政策过程环节及实践进展等。

4. 政策分析

基于分析框架或评估模型和评估指标体系以及比较维度，对所研究政策进行深入分析与全面评估以及比较研究。

5. 结　论

总结政策分析的发现或作出研究结论，以及对研究成果进行拓展、推广或理论上提炼与升华。

三、政策分析型论文的其他要求

（1）政策分析型论文的字体、字号等文本格式规范参照各学校专业硕士学位论文的标准执行。

（2）政策分析型论文的正文原则上不少于2万字。

（3）各个学校可在此基础上进行细化要求。

附录 4　江西农业大学专业学位研究生论文开题报告

江西农业大学
专业学位研究生论文开题报告

论文题目＿＿＿＿＿＿＿＿＿＿＿＿＿＿＿

＿＿＿＿＿＿＿＿＿＿＿＿＿＿＿

学　　号＿＿＿＿＿＿＿＿＿＿＿＿＿＿＿

姓　　名＿＿＿＿＿＿＿＿＿＿＿＿＿＿＿

学位名称＿＿＿＿＿＿＿＿＿＿＿＿＿＿＿

领　　域＿＿＿＿＿＿＿＿＿＿＿＿＿＿＿

所属学院＿＿＿＿＿＿＿＿＿＿＿＿＿＿＿

第一导师姓名＿＿＿＿＿＿＿＿（职称）

工　作　单　位＿＿＿＿＿＿＿＿＿＿＿＿

第二导师姓名＿＿＿＿＿＿＿＿（职称）

工　作　单　位＿＿＿＿＿＿＿＿＿＿＿＿

江西农业大学研究生处制
　　年　　月　　日

一、选题依据（包括选题的目的、意义、国内外研究现状述评,附主要参考文献,可加页）

二、研究方案（包括研究目标、研究内容、拟采取的研究方法、技术路线和预期进展，可加页）

三、研究基础(包括与本论文有关的工作积累、已取得的工作成绩、研究条件、存在问题和解决的途径与措施)

四、导师意见

校内指导教师签名：　　　　校外指导教师签名：

年　月　日

五、论文选题评议（就选题的意义、实验设计方案、预期进展和成果、综合解决问题的能力、表达能力等方面作出评议，并提出是否通过的建议）

考核小组负责人签字：

年　月　日

考核小组成员				
姓名	研究方向	职称、职务	工作单位	签名

学位评定分委员会意见：

　　　　　　　　　　　　　　　主席签名（公章）：

　　　　　　　　　　　　　　　　　　　　年　月　日

附录 5 《如何构筑龙头企业与小农户命运共同体？——基于江西乐安"绿能"模式的实践分析》发表稿

中国软科学 2020 年第 5 期

如何构筑龙头企业与小农户命运共同体？
——基于江西乐安"绿能"模式的实践分析

陈美球，廖彩荣，朱美英，张淑娴

(江西农业大学 农村土地资源利用与保护研究中心，江西 南昌 330045)

摘 要：发挥现代农业经营主体对小农户的带动作用是促进小农户和现代农业发展有机衔接的有效途径，而构筑具有主体多元性、开放包容性和共治共享性等特征的龙头企业与小农户命运共同体，则是发挥龙头企业对小农户带动作用的关键所在。江西省乐安县引进乐安绿能农业发展有限公司，形成了"政府引导、村组主导、村民自愿、企业对接；协同多样、保障多元、风险可控、利益共享"的乐安"绿能"模式，促进了龙头企业与小农户命运共同体的形成，在解决小农户分散经营外部性社会高成本、推动传统小农户向现代小农户转变方面已成效初显。乐安"绿能"模式的实践表明，各主体明确的角色定位是龙头企业与小农户命运共同体的核心，相互信任且充分嵌融是龙头企业与小农户命运共同体的基础。

关键词：龙头企业；小农户；命运共同体；乐安"绿能"模式
中图分类号：F321.1 **文献标识码**：A **文章编号**：1005-0566(2020)05-0032-09

How to Build the Fate Community of Enterprises and Farmers:
Based on the Practical Investigation of Le'an "Lvneng" Model in Jiangxi Province

CHEN Mei-qiu, LIAO Cai-rong, ZHU Mei-ying, ZHANG Shu-xian

(The Research Center on Rural Land Resources Use and Protection, Jiangxi Agricultural University, Nanchang 330045, China)

Abstract: It is an effective way to promote connection between farmers and modern agricultural development to give full play to the role of modern business entities in helping farmers, and the key to play the leading role of enterprises in driving farmers is to build the fate community of enterprises and farmers. The fate community of enterprises and farmers has the characteristics of pluralism, openness, inclusiveness and co-governance and sharing. In this paper, the Le'an "Lvneng" Model in Jiangxi Province were analyzed, the results shows that in order to construct the fate community of enterprises and farmers, the clear role orientation of each subject is the core of the fate community of enterprises and farmers, and mutual trust and full integration are the basis of the fate community of enterprises and farmers.

Key words: enterprises; farmers; fate community; Le'an "Lvneng" model

一、引言

我国是一个历史悠久、富有小农传统的农业大国，农业人口基数大，在未来一段时期内，千千万万的小农户仍将是我国农业农村发展最重要的基础力量和国家繁荣稳定的重要基石，在维护国家粮食安全、保障农产品供给、维系农村社区功

收稿日期：2019-07-02 修回日期：2020-03-15
基金项目：国家自然科学基金(71964016)；国家社会科学基金项目(16BJY112)。
作者简介：陈美球(1967—)，男，江西石城人，江西农业大学农村土地资源利用与保护研究中心教授、博士生导师、博士。研究方向：农村土地资源、农业政策。

能、保障社会和谐稳定、传承农耕文明等方面发挥着不可替代的基础性作用[1]。然而，现阶段的小农户与传统小农经营不同，一是老龄化、兼业化现象明显，外出打工是家庭主要经济收入来源，形成了青壮劳力外出打工，留下老龄人在家务农或"农忙时种地、农闲时打工"；二是面对大生产、大物流、大市场的现代农业生产竞争环境，单打独斗的小农户表现出明显的市场竞争力弱势，借助外力增强抗风险能力的渴望强烈；三是由于农民外出打工存在较大的不确定性，对暂时没有时间耕种的土地，也只是希望短期流转或临时代耕，以备随时返乡耕种，体现出乡土情结，客观上成为了通过长期流转实现稳定经营的内生阻力；四是实际耕种的面积不再局限于自家的承包地，有的农户只耕种用于解决自家口粮的少量耕地，有的农户以家族为单位为叔伯家一起代耕，有的农户通过少量耕地流入成为了小型的种植专业户。针对小农户面临的现实挑战，2019 年 2 月，国家出台了《关于促进小农户和现代农业发展有机衔接的意见》，强调要坚持小农户家庭经营为基础与多种形式适度规模经营相协调，按照服务小农户、提高小农户、富裕小农户的要求，加快构建扶持小农户发展的政策体系，促进传统小农户向现代小农户转变，使小农户成为发展现代农业的积极参与者和直接受益者，并明确提出了建立健全社会化服务体系、提高小农户组织化程度、加强培训和科技推广服务等路径，其中发挥龙头企业对小农户带动作用是一条重要的实施路径。

龙头企业对小农户的带动作用得到学术界的广泛认同，"企业+农户""企业+合作社+农户""公司+基地+农户""超市+龙头企业+农户"等运行模式的实际效果也在实践中得到相应验证[2-5]，但是在构建龙头企业与小农户协同关系中也存在相应的困境，特别是受到有限理性、信息不对称等多种因素的影响，龙头企业与小农户之间的关系异常复杂，具有不稳定性、不完全性等特征，存在履约障碍，甚至"敲竹杠"现象，农民的诚信问题也曾一度成为社会诟病[7-9]。为此，如何解决合约不稳定的问题，曾成为龙头企业和小农户协同关系的研究重点，包括推行保证金制度[10]、强化确权[11]、运用补充与补偿手段[12]、加强关系嵌入与合约治理[13]、增强违约惩罚[14]。近年来，随着人们对小农经营价值的重新认识，通过提升生产服务来解决小农经营中生产要素缺失问题被视为探索小农农业现代化的一条实现路径，"土地托管"也逐渐成为龙头企业衔接小农户新的讨论热点，并在实践层面得到了应用，通过企业的规模化服务，促进了先进科技和机械化应用，降低了农资成本，在促进小农经营走向现代化方面表现出相应的生命力[15-17]。但是，现阶段的农村，都存在着自己不愿种地或不能种地、自己想种且有能力种、自己想种但没有完全能力种等多种异质性农户，单一的龙头企业与小农户的合作模式已难适应现实需求。同时，土地要素是维系企业与小农户关系的核心，而土地在一定程度上依然承担着农户的社会保障功能。另外，尽管依赖于市场机制下的利益合作是维系企业与小农户的核心关系，但经济利益并不是唯一的关系，农户在考虑经济收益的同时，还关注经营权的就业与养老的保障需求，甚至担心失去承包地经营权。因此，企业与小农户之间的衔接并不是单纯的经济利益关系，而是一个融经济、社会等多种因素在一起的复杂关系，客观上要求在龙头企业包容性地满足各类农户需求的基础上，形成相互信任、荣辱与共、生死相依且相互支撑、相互依赖的命运共同体，而仅依靠稳定合约或单纯的经济利益关联构建的新型农业经营主体与小农户协作关系，并不能形成"同甘苦，共患难"的命运共同体。

江西省乐安县引入绿能农业发展有限公司，近年来构建了"政府引导、村组主导、村民自愿、企业对接；协同多样、保障多元、风险可控、利益共享"的协同机制，促进了龙头企业与小农户命运共同体的形成，已在解决小农户分散经营外部性社会高成本、推动传统小农户向现代小农户转变方面取得明显成效，为我们提供了一个鲜活的实践案例。本文在剖析龙头企业与小农户命运共同体基本特征的基础上，结合乐安"绿能"模式实践的剖析，总结归纳构筑龙头企业与小农户命运共同体的关键所在,进而为促进这一命运共同体的形成,增强龙头企业对小农户带动能力的政策制定提供参考。

二、龙头企业与小农户命运共同体的基本特征

命运共同体是当代共享经济发展理念的一个重要产物,是人们由于复杂的生存、竞争、环境等压力,而形成的相互需要与相互依赖的共同体[18]。把命运共同体引入小农户和现代农业发展有机衔接之中,对认识小农户和现代农业经营主体的融合机制、实现路径具有积极的现实意义。

任何命运共同体的存在,都有其历史选择的必然性,缘其在特定的发展阶段,人们只有以共同体的方式,通过共同行动才能实现共同利益,得以生存和发展。同样,龙头企业与小农户形成命运共同体,也是基于现阶段农业农村复杂环境与竞争压力的必然需求。一方面,龙头企业为适应现代农业规模经营的发展潮流,要形成集中连片的耕地以实现机械化操作,通过统一规划、统一种植、统一管理,以获取规模经营效益、增强市场竞争力。然而,我国实行的家庭承包责任制,耕地承包权分配给各家各户,且在承包地分配时因追求绝对公平,人为地加剧了承包地的细碎度。由于目前承包地仍然承担着一定的农户社会保障功能[19],广大农户不愿意放弃耕地的承包权,即使经营权发生流转,大都希望随时收回经营权,流转期限要短并维持承包地的形状不变。另外,规模经营的实现也不是各农户经营权流转的简单累加[20],因为必要的农田基础设施建设要经过众多农户的承包地,而占用各家的耕地面积不尽相同,这些都需要龙头企业与众多农户的沟通协商。另一方面,广大小农户大量并长期存在是我国基本国情,也是我们发展农业、繁荣农村、巩固执政基础的依靠力量。然而,面对现代农业发展的历史潮流,单个小农户的诸多弱势日益凸显,包括大型农业机械使用、先进农业技术应用、病虫害防控、农田基础设施维护等生产弱势,在良种、农药、化肥等农资市场和农产品市场中,与处于垄断地位的中间商和大商业资本博弈时的市场弱势,以

及在规模化、产业化偏好下,地方政府将大量资源投放给现代农业经营主体的政策弱势,导致分散的小农户农业生产效率难以提高,"增产不增收"现象普遍[7]。因此,广大小农户存在与现代农业经营主体联盟的内在需求,以解决小农户一家一户干不了、干不好的事情,提高小农户生产的组织化程度,有效表达小农群体的合理诉求,从而增强市场谈判话语权。

龙头企业与小农户命运共同体并不只是单纯经济上的利益共同体,而是荣辱与共、生死相依的有机整体,一荣俱荣、一损俱损。除了经济利益的共利共享外,还要考虑耕地对小农户社会保障的功能需求,对维持农村社会的和谐稳定需求,客观上应形成多元主体和谐共处、利于社会发展进步的氛围,以及自觉维护和促进耕地资源的质量与生态保护,实现耕地资源的可持续利用,进而保障龙头企业与小农户命运共同体的健康发展。总体上看,龙头企业与小农户命运共同体具有以下基本特征。

(一)主体多元性

土地是维系龙头企业与小农户命运共同体的关键核心,而土地具有产权约束多、政策性强、社会关注度和敏感性高等特征,形成龙头企业与小农户的命运共同体,不是单纯的龙头企业与小农户两大主体间的关系,而是一个置身于乡村复杂网络中的系统工程,涉及当地政府、村集体,以及各种理事会等多个相关主体;也不是单纯的经济利益关系,还受到外部政策激励和风俗习惯等非正式的制度影响,依赖于政府的政策和制度保障,以及村庄社会关系网络中所蕴含的丰富社会资本[21]。我国村庄具有鲜明的地域性与血缘关系特征[22],传统的农业生产活动深嵌于村庄熟人社会之中,长期的生产生活互助使得农村社会中积累了丰富的社会资本。这些社会资本能够有效减少龙头企业与小农户协同成本,提升组织效率[23]。以土地流转集中经营为例,要把分散在众多农户手中的承包地集中在一起,并开展必要的农田基础设施建设,离不开政府的政策引导和村集体的组织协调。因此,在龙头企业与小农户命运共同

体中,相关参与主体是多元的,需要这些多元主体的共同协同。

(二)开放包容性

龙头企业与小农户命运共同体主要建立在承包地集中协同经营的基础之上,耕地集中规模经营的内在需求,导致龙头企业不能选择性地吸纳农户,而应对经营区域内的所有农户进行联盟,也应包括周边有协同意愿的农户,因此,龙头企业与小农户命运共同体是一个开放的共同体。另外,任何命运共同体都需要一系列的制度、约定来维持共同体的秩序和活力,而相对灵活的制度可以同时满足各类群体的不同需要,并在总体上处于平衡、不冲突、相互和谐的状态,从而聚集更多的发展资源、激活命运共同体发展活力。同样,龙头企业与小农户命运共同体也需要相应的制度、约定把龙头企业与众多小农户连接成一个整体而采取统一的行动。改革之初,我国农户基本上是一个同质群体,但随着农村改革的深化和城乡经济社会的发展,农村人口的自由流动加快,农村劳动力持续向城镇转移,农户分化日益明显。由于不同类型的小农户参与现代农业融合的意愿、能力存在差异,表现出对龙头企业的协同需求各不相同。因此,针对众多小农户的异质性需求,客观上要求龙头企业与小农户命运共同体具有更高的包容性,龙头企业与小农户之间的协同路径更加灵活多样,内容更加丰富,才能保障共同体的生机与活力。

(三)共治共享性

龙头企业与小农户命运共同体是基于风险社会压力下的利益共同体,共享发展理念是其形成的基石。小农户主要基于市场风险而选择与龙头企业结盟,而龙头企业主要基于土地等资源要素规避风险而与小农户结盟,双方互为需要、相互依存,并在应对各类具体风险与危机中,共同体不断生成、不断转换,从生存共同体发展到命运共同体。因此,共同需要是龙头企业与小农户命运共同体的动力,共同治理是应对各类具体风险与危机的内在需求。这就是龙头企业与小农户命运共同体的共治共享性。一方面,充分调动龙头企业和众多小农户的主人翁精神,主动参与共同体的决策、运行与治理,激发竞争意识和创新活力,进而提高应对风险与危机的能力。实践也充分证明,只有充分尊重广大农民的自主性、发挥农民的主体作用,农业生产经营才形成发展活力[24]。另一方面,在共同建设的基础上共享发展成果,公平的利益分配机制至关重要,若发展收益过分偏向于企业或集中在少数农户身上,会影响全体成员的参与积极性,并造成共同体的利益普遍受损,进而威胁着龙头企业与小农户命运共同体的健康可持续发展。

三、龙头企业与小农户命运共同体的乐安"绿能"模式实践

2017年,江西省绿能农业发展有限公司投资1.2亿元成立了江西省乐安绿能农业发展有限公司,新建现代化稻谷加工厂及仓储基地,并充分利用乐安良好的生态环境,对乐安大米进行绿色与有机认证、工商注册,在水稻统一生产经营与管理的基础上,统一加工、统一包装、统一品牌销售,创建乐安大米知名品牌,主打绿色生态品牌,全面提升大米市场竞争力。为了确保企业入驻以及顺利运行,绿能公司根据多年从事粮食规模化经营的教训与经验,在前期与农户、村集体、当地政府开展了充分的沟通与协调,构建了"政府引导、村组主导、村民自愿、企业对接;协同多样、保障多元、风险可控、利益共享"的协同机制,开启了构筑龙头企业与小农户命运共同体的乐安"绿能"模式探索。"政府引导、村组主导、村民自愿、企业对接",就是明确各相关主体的角色定位,保障命运共同体的有序运行;"协同多样、保障多元、风险可控、利益共享",就是构建清晰的命运共同体运行机制,实现命运共同体的共治共享。

2018年是命运共同体正式运行的第1年,共流转耕地1.3万亩,托管耕地2.0万亩,与97户农户及9个合作社签订了订单合同。2019年共流转耕地1.4万亩,托管耕地3.0万亩,并与113户农户及11个合作社、1个家庭农场签订了订单合同,2年来的实践,基本形成了龙头企业与小农户的命运共同体,村民积极配合,村集体主动开展农田基础设施维护,以留住绿能企业。乐安"绿能"模式已在乐安当地引起了广泛的关注,也得到了社会各界的广泛认可。

(一) 主要做法与成效

1. 以清晰定位保障生命共同体运行效率

明确了政府、村集体、企业、农户、合作社各主体的角色定位:当地政府主要负责协调解决企业入驻的相关问题,并通过政策引导、牵线搭桥,帮助农户、合作社与企业之间建立信任关系;村成立村合作社(与村委会两块牌子一套人马,村社合一),主要负责土地集中规模经营的地块调整,以及流转、托管中各类矛盾的调解,并与农户签订流转合同,每个村成立监事会,每个村小组成立由乡贤、老党员、老干部组成的理事会,对土地流转协调金的使用、农田基础设施的维护等事项的决策进行监督;农户可根据自身需求,自愿选择与企业协同的方式;企业通过集中流转实现企业基地生产,并为农户提供各类生产服务,在对接村民各类需求的同时,对接大市场。

2. 以承包权和经营权的集中分离实现耕地经营的规模连片

耕地的集中连片是现代农业生产的基本要求。为了解决农户承包地过于分散的现实问题,首先把全村的经营权统一流转给合作社,然后每年年初优先满足自己耕种农户的需求,当然农户自己耕种的耕地并不只是自己家的承包地,面积也不限于自家承包面积,而是集中连片安排,再把剩余的耕地作为企业生产基地流转给绿能公司,合作社与企业签订的流转合同为三年一签,并留有一定的调整空间,以应对每年农户需要自己耕种面积的需求变化,但坚持位置相对固定、集中连片的基本原则,在空间上形成了相对稳定的企业生产基地和自己耕种耕地的两类区域,两类面积的调整只是在交界处进行。这样,既相对灵活地满足了农户自身耕种需求,也满足了企业相对稳定的经营权,增加了企业持续投入的信心。

3. 以协同形式多样激发命运共同体活力

针对不同群体农户的各种需求,绿能公司采取了订单生产、流转、半托管、全托管等多种协同形式,且村民(包括外出打工返乡人员)可优先从合作社获取区位条件好的耕地经营权,与企业签订收购合同,企业通过品种选择标准化、种植管理标准化、生产流程标准化,并承诺高于市场价格的10%收购稻谷;耕地流转农户可获取租金,若到企业务工可获取基础薪金和超产奖金,以及60元/亩的流转协调金,其中租金年初支付,消除流转户的风险顾虑;半托管农户的种植品种、田间管理和产品销售,由农户自主决定,公司以低于市场价格的30%提供各类服务;全托管农户则从购买种子、化肥、农药,到机耕、机插、机收,稻谷烘干到销售的产前、产中、产后实行全面的托管服务,公司收取一定的托管费用。

4. 以利益共享实现多主体共赢

一是农户有了相对稳定的多元收入。耕地流转户除了租金和流转协调金收入外,还可以到企业参与管理,每个劳动力最多可管理150亩土地,按照20元/(亩·月)的标准计算工资(发放10个月),若夫妻两人管理300亩,基础年薪6万元。超产奖金是最关键的共享内容,超产稻谷按1.0元/斤、油菜按2.0元/斤奖励。公溪镇荷陂村村民罗新根家2017年全家耕种20亩地,获粮食生产纯收入2.6万元,加上平时打零工2.0万元,共4.6万元;2018年夫妻俩在公司承担了100亩耕地的管理任务,负责看水、施肥、打药,年收入达到9.4万元,包括底薪2万元和超产奖金7.4万元。而托管农户可"降本增效",公溪镇陈家村已60岁的陈大伯2018年经营了自家和叔伯家的21亩耕地,与绿能公司签订了托管协议,分别以每亩低于市场价25元、40元和10元的价格提供了整地、收割和植保服务,共节省了1 575元的生产成本,加上高于市场0.2元/斤的收购价,与2017年相比,增收了近万元。二是村集体经济有了稳定的收入来源。绿能公司每年支付100元/亩给村集体,用于相关协调工作的开展。如公溪镇新居村2017年只有10万元转移支付的收入,全年运转下来还增加了村债务2万元,2018年,除了转移支付,还获得了5万元的耕地流转工作费用,加上光伏产业扶贫收入4万元,村级财政得到很大的改善,提高了村小组长的津贴,还针对村民电动车多的现象,在村庄主要路段铺设了减速带,有效地减少了交通事故。三是为企业的品牌经营提供了充足的原料来源。在当地政府的大力支持下,依托乐安良好的生态环境,绿能公司成功申报了"乐安山泉"大米品牌,并开发了系列大米产品,开创线上线下产品销售渠道,取得了良好的品牌效益,而通过订单生产、流转、半托管、全托管等多种协同形式,依靠统一的优质水稻种植生产管理,确保了大米精细加工的原料供应。

5. 以先进科技增效并促进耕地资源可持续利用

针对乐安的土壤环境与气候条件,绿能公司积极吸纳先进农业科技,形成了统一的优质水稻种植生产管理模式,引进了野香优莉丝优良品种,100%推行测土配方施肥技术和无人机生物药剂的统防统治病虫害技术,改"中稻+油菜"为"中稻+再生稻+油菜",推广早稻直播技术等。先进农业科技的推广应用增加了生产效益,减少了劳动强度。如同样是优质稻,野香优莉丝的市场价是1.55元/斤,而传统的泰优390是1.30元/斤;早稻直播每天可完成20亩的播面,而传统的抛秧只是3~5亩。另外,测土配方施肥技术的推广,不仅节省了生产成本,更促进了耕地生态的恢复,有利于耕地资源的可持续利用。当地传统的施用习惯是每亩100斤复合肥(底肥)+7斤尿素+60斤复合肥(分蘖肥),而企业推行的施肥模式是40斤配方复合肥(底肥)+20斤尿素+40斤配方复合肥(分蘖肥),总量减少了67斤,加上生物药剂的统防统治病虫害技术,耕地生态得到了恢复,泥鳅黄鳝明显增多,甚至出现了多年不见的稻田小鲫鱼。

(二)主要经验与启示

1. 多主体的角色定位是龙头企业与小农户命运共同体的核心

构建角色定位明确的多主体协同机制是形成龙头企业与小农户命运共同体的内在需求。龙头企业与小农户命运共同体,涉及龙头企业、小农户、当地政府、村集体、合作社等相关主体,客观上需要构建起角色定位明确的多主体协同机制。

广大农户作为命运共同体中最基础的一类群体,其自愿参与和积极作为关系着命运共同体中的成败。为了吸引现代企业的入驻,一些地方政府曾有过违背村民意愿而"一刀切"地盲目强制推行耕地流转的深刻教训。充分尊重民意是自愿参与和积极作为的前提,而多样化的协同方式是吸引农户参与、获得广大村民支持的关键。究其原因,现阶段的小农户已不再是完全依赖于耕地生存的传统农户,而是随着农户生计的分化,已经形成了以种田为主要收入的纯农户、"农忙在家务农、农闲外出打工"的兼业农户和长年在外打工的非农就业农户,不同类型的农户表现出对企业协同的需求不同,绿能公司正是针对不同农户差异化的现实需求,提供了订单生产、流转、半托管、全托管等多种灵活协同方式,才得到了广大村民的广泛支持。

龙头企业作为命运共同体中的主心骨,善于经营是确保命运共同体生存的关键。赢利是企业的本能,也是企业生存的前提,更是维持龙头企业与小农户命运共同体的核心,企业赢利,才能通过利益共享机制传导给广大农户和村集体,使农户增收,集体经济实力壮大。农产品既要产得好,更要卖得好,绿能公司之所以能在粮食生产难以赢利的背景下得以不断生存壮大,归功于企业精打细算的经营理念,注重每个环节的效益把控,包括以规范生产与管理确保产品质量、以规模生产降成本、中创建"凌继河""凌代表""乐安山泉"大米品牌获效益、以碎米和米糠利用获取大米加工的赢利空间、开创线上线下产品销售渠道等。因此,各地在构建龙头企业与小农户命运共同体时,正确选择龙头企业非常重要。

作为我国农村土地所有权主体和村民自治组织的村集体经济组织,在以耕地资源配置为核心内容的龙头企业与小农户命运共同体构建中,对于与当地政府、龙头企业与广大农户等相关主体之间的沟通,具有天然的协调与组织优势。乐安县"村社合一"是一个成功的做法,既提升了合作社对众多农户的组织能力,也提高了企业与农户对接并提供集中服务的效率。合作社可依据《中华人民共和国农民专业合作社法》在耕地流转等具体事务上开展工作,也容易构建起农民与企业的信任关系,而村委在保障双方合作秩序、降低双方协同成本上具有得天独厚的优势,特别是耕地流转合同采取村民与合作社签订、合作社再与企业签订的形式,也增加了村委在耕地流转管理中的责任心。现实中,村委也切实在灌排水协调、农村道路维护和家禽家畜管理上发挥了重要作用。

地方政府则是要到位而不越位。农业经营表现出强烈的社会正外部性,离不开政府有力的支持。在某种角度看,现代农业龙头企业可成为国家农业政策的接应主体和具体执行代理人,也是实现国家扶持与市场调节相互耦合的具体体现[25]。在推进乡村振兴战略中,面对小农户仍是未来相当长时期内一个农业经营主体的现实,加快促进广大小农户和现代农业发展有机衔接,是实现农村产业兴旺的一项基础性任务,国家必须进一步加大对包括龙头企业在内的现代农业经营主体的扶持力度,提升各类现代农业经营主体带动小农户的能力。首先要进一步加大农田基础设施建设,提高高标准农田建设的实效。农业设施基础差仍然是制约农业现代化的最大"瓶颈",2018年以托管形式与绿能合作经营1400亩的种粮大户告诉我们,为了保障灌溉,不得不拉上1800米的抽水管,没有机耕道,收获的稻谷还需肩扛手提;绿能企业2018年一年因泥坑吞陷作业机器而产生的吊车使用费近50万元,对于绿能这样的粮食生产现代农业企业,可探索允许其根据生产需求先行投入农田基础设施建设,达到建设标准后,按国家投资额度给予奖励。其次要帮助企业解决融资难问题,可探索以企业仓储粮食为抵押物的融资方式。最后,要在品牌创建上给予支持,品牌是企业的重要生命线,但农业品牌的创建,特别是涉及地名的品牌,仅以企业的力量是办不到的。绿能公司的负责人告诉我们,没有当地政府的倾力支持,"乐安山泉"大米品牌不可能获批。

2. 相互信任且充分嵌融是龙头企业与小农户命运共同体的基础

古人云"上下同欲者胜,同舟共济者赢",只要团结一心,有着共同的追求,互相合作,团队就能取得胜利,而相互信任是团结一心的基础,龙头企业如何获取广大农户的信任,是构建龙头企业与小农户命运共同体的基础。但作为外来资本的企业,广大农户存在本能的担心,他们担心企业圈地、收不到租金、想种地的时候没地种,也是企业直接与众多小农户在耕地流转中协商成本居高的主要原因,一些农户宁愿抛荒也不肯流转。要建立相互信任的关系,离不开政府和村集体组织的协调,更离不开共享互利的内在机制。乐安"绿能"模式构建的协同机制,隐含了很丰富的互信内容,既有政府、村集体的组织担保,更有租金提前支付的基本保障、超产奖金的利益共享、流转协调金的约束,以及企业投资1.2亿元建设的现代化稻谷加工厂及仓储基地的资产担保,也有村监事会和村小组理事会的监管护航。因此,要构建龙头企业与广大小农户的信任关系,不仅仅取决于龙头企业与广大小农户之间的沟通与协商,更取决于政府、村集体,以及类似于监事会、理事会等民间社会资源。

紧密的互嵌互融关系是维持龙头企业与小农户命运共同体中相关主体抱成一团形成合力的必备条件,从各相关主体之间的互嵌互融关系看,经济利益关系无疑是最主要的关系。龙头企业与小农户命运共同体的形成就是基于经济上的互惠互利,企业为了赢利而选择与众多农户联盟,而广大农户为了获得更多的经济效益而选择与企业合作。但经济关系并不只是单纯的合约租金,还包括最低期望收入与激励收益,最低期望收入能有效地降低协作风险,而激励收益可以激发农户主人翁行为,乐安"绿能"模式中农户流转租金就是最低期望收入,60元/亩流转协调金则是一种激励收益,激励每个农户积极支持龙头企业与小农户命运共同体健康运转,超产奖则是务工农户的另一种激励收益,能让农户把公司的耕地当成自家的耕地经营,使其工作积极性和责任心得到充分调动。但是,经济利益并不是龙头企业与小农户命运共同体中相关主体的唯一关系。由于各相关主体的角色定位不同,各自的需求与配合内容也不同,农户与农户、农户与合作社、农户与村委、村委与企业、企业与地方政府、村委与合作社、合作社与企业,不同主体之间利益关系的重点内容存在很大差别。如农户之间,由于农村是一个传统的熟人社会,表现出典型的"羊群行为",存在明显的从众心态,邻居间的行为相互影响很大,农户间的示范作用不容忽视;而农户与合作社之间关系除了经济关联,还与合作社领头人的个人魅力相关;农户与村委之间则具有先天的组织关系,便于开展沟通工作;村委与企业之间,除了村委为企业提供相应服务外,企业也为村委作出贡献;企业与地方政府之间,除了企业创造税收、促进当地经济发展,政府还应为企业提供服务,创造良好的营商环境;村委与合作社则由于职能不同,在具体工作中能发挥出不同的作用;合作社与企业之间,除了经济利益关系外,合作社还要协助企业解决农户组织化问题。

四、结语

乐安"绿能"模式的成功实践,充分表明了构建龙头企业与小农户的命运共同体、实现小农户和现代农业发展有机衔接是完全可行的,并具有强大的生命力。这一命运共同体的形成,既坚持了以家庭联产承包为主的责任制、统分结合的双层经营体制,也充分利用了现代企业的资金、技术、管理与市场开拓等优势,有效地降低了广大农户分散经营的外部性社会成本,推广了现代农业生产理念与技术,促进了传统小农户向现代小农户的转变,并较好地破解了"让农民种粮容易,但让农民赚钱难"的难题,对确保国家粮食安全具有积极的现实意义。

乐安"绿能"模式之所以成功,在很大程度上是充分契合了龙头企业与小农户命运共同体的特征需求,放弃了惯性耕地流转的单一思维,而是针对不同群体农户共存的现实,采取了订单生产、流转、半托管、全托管等多种灵活协同方式,并借助"村社合一"的力量,通过承包权和经营权的集中分离实现了耕地经营的规模连片,满足了现代农业适度规模经营的要求,特别是针对农户外出打工不稳定而导致耕地经营的不确定性,创新性

地在空间上提出了企业生产基地和农户自行耕种两类区域,优先在交界处根据每年农户自行耕种的需求进行机动调整。乐安"绿能"模式的成功,是构建了龙头企业与小农户命运共同体的可持续内在机制,具有较强的推广应用价值,这一模式生命力的形成可归纳为以下几点:一是龙头企业与小农户的多样化协同是前提,企业应满足各类农户群体的需求;二是村组织协调是基础,而"村社合一"是发挥村组织协调作用的有效做法;三是企业善于经营是核心,引入或培育实力强劲的龙头企业非常关键;四是政府支持是保障,尤其在相关主体协调、农田基础设施建设和品牌创建上政府的支持至关重要。

参考文献:

[1] 张红宇. 大国小农:迈向现代化的历史抉择[J]. 求索, 2019(1): 68-75.

[2] 叶敬忠,豆书龙,张明皓. 小农户和现代农业发展:如何有机衔接?[J]. 中国农村经济, 2018(11): 64-79.

[3] 孔祥智,穆娜娜. 实现小农户与现代农业发展的有机衔接[J]. 农村经济, 2018(2): 1-7.

[4] 郭斐然,孔凡丕. 农业企业与农民合作社联盟是实现小农户与现代农业衔接的有效途径[J]. 农业经济问题, 2018(10): 46-49.

[5] 黄梦思,孙剑. 复合治理"挤出效应"对农产品营销渠道绩效的影响——以"农业龙头企业+农户"模式为例[J]. 中国农村经济, 2016(4): 17-30,54.

[6] 张红宇. 乡村振兴战略与企业家责任[J]. 中国农业大学学报(社会科学版), 2018,35(1): 13-17.

[7] 陈航英. 小农户与现代农业发展有机衔接——基于组织化的小农户与具有社会基础的现代农业[J]. 南京农业大学学报(社会科学版), 2019,19(2): 10-19.

[8] 黄梦思,孙剑. "农业龙头企业+农户"模式的关系风险与交易治理[J]. 华南农业大学学报(社会科学版), 2018,17(1): 1-11.

[9] 苏昕,张辉. 三方博弈视角下的农产品渠道关系治理研究[J]. 农业技术经济, 2017(3): 42-52.

[10] 邓宏图,马太超. 农业合约中保证金的经济分析——一个调查研究[J]. 中国农村观察, 2019(2): 2-17.

[11] 冯华超. 农地确权与农户农地转入合约偏好——基于三省五县调查数据的实证分析[J]. 广东财经大学学报, 2019,34(1): 69-79.

[12] 万江红,杨柳. 补充与补偿:以合约治理合约的双层

机制——基于鄂中楚香家庭农场农业经营合约的分析[J].中国农村观察,2018(1):53-69.

[13] 张建雷,席莹.关系嵌入与合约治理——理解小农户与新型农业经营主体关系的一个视角[J].南京农业大学学报(社会科学版),2019,19(2):1-9.

[14] 威廉姆森.治理机制[M].石烁,译.北京:机械工业出版社,2016.

[15] 曾红萍.托管经营:小农经营现代化的新走向[J].西北农林科技大学学报(社会科学版),2018,18(5):40-45.

[16] 王蔚,徐勤航,周雪.土地托管与农业服务规模化经营研究——以山东省供销社实践为例[J].山东财经大学学报,2017,29(5):87-95.

[17] 陈义媛.土地托管的实践与组织困境:对农业社会化服务体系构建的思考[J].南京农业大学学报(社会科学版),2017,17(6):120-130.

[18] 陈忠.城市社会:文明多样性与命运共同体[J].中国社会科学,2017(1):46-62.

[19] 陈美球,赖昭豪,刘桃菊.改革开放以来我国耕地利用变化及其展望[J].土壤通报,2019,50(2):497-504.

[20] 夏淑芳,陈美球.承包地经营权流转中市场与政府的协同:理论与实证[J].中国土地科学,2016,30(5):29-35.

[21] 张建雷,席莹.关系嵌入与合约治理——理解小农户与新型农业经营主体关系的一个视角[J].南京农业大学学报(社会科学版),2019,19(2):1-9.

[22] 陈美球,廖彩荣,刘桃菊.乡村振兴、集体经济组织与土地使用制度创新——基于江西黄溪村的实践分析[J].南京农业大学学报(社科版),2018,18(2):27-34.

[23] 苑鹏,丁忠兵.小农户与现代农业发展的衔接模式:重庆梁平例证[J].改革,2018(6):106-114.

[24] 刘永生,王焕丽.新农村内生式发展中农民主体因素分析[J].人民论坛,2015(14):172-174.

[25] 龚为纲,黄娜群.农业转型过程中的政府与市场——当代中国农业转型过程的动力机制分析[J].南京农业大学学报(社会科学版),2016,16(2):1-9.

(本文责编:王延芳)

附录6 《农户分化、代际差异对生态耕种采纳度的影响》发表稿

陈美球,袁东波,邝佛缘,等.农户分化、代际差异对生态耕种采纳度的影响[J].中国人口·资源与环境,2019,29(2):79-86.[CHEN Meiqiu, YUAN Dongbo, KUANG Foyuan, et al. Household differentiation, generational difference and ecological farming adoption[J]. China population, resources and environment, 2019,29(2):79-86.]

农户分化、代际差异对生态耕种采纳度的影响

陈美球[1] 袁东波[1] 邝佛缘[1] 吴秋艳[2] 谢贤鑫[1]

(1.江西农业大学农村土地资源利用与保护研究中心,江西省鄱阳湖流域农业资源与生态重点实验室,江西 南昌 330045;
2.江西财经大学金融学院,江西 南昌 330013)

摘要 农户作为最直接的耕地利用主体,其生态耕种采纳度是耕地保护政策能否顺利落实和促使耕地保护的重要保证。基于江西省2 068份农户问卷调研数据,从农户分化与代际差异两大社会现象切入,在新古典经济学的"理性人"与行为经济学的"非理性人"理论框架下,提出研究假设,通过层次分析-熵值定权法构建了生态耕种采纳度的评价指标体系,运用 Tobit 模型,深入分析农户分化、代际差异对农户生态耕种采纳度的影响规律,以期为加强生态耕种行为,制定耕地生态保护相关政策提供参考依据。结果表明:第一,农户分化程度的加深会使农户的生态耕种采纳度降低,且农户分化每加深1个单位,其生态耕种采纳度的条件均值降低0.204个单位。第二,新生代农户相对于老一代农户具有更积极的生态耕种采纳度,新生代农户的生态耕种采纳度比平均水平高 37.84%。第三,相对于分化程度更深的农户而言,浅分化农户的代际差异变化使其生态耕种采纳度的边际效果更强。纠正内生性偏误后,代际差异与分化调节效应对农户生态耕种采纳度的影响程度减弱,但是总体回归中两大现象依然支持结论。代际差异、农户分化与分化调节效应的分样本回归结果基本稳健,结论均得到了较稳健的模型结果支持。为此,建议鼓励深分化农户加强耕地流转,释放有效劳动力;加强浅分化农户的技术培训,政府应在产业合作组织设立、扩大经营规模等方面给予支持;对老一代农户加强耕地保护基本政策、农业补贴政策等方面的宣传。

关键词 农户分化;代际差异;生态耕种采纳度;江西省

中图分类号 F301 **文献标识码** A **文章编号** 1002-2104(2019)02-0079-08 **DOI**:10.12062/cpre.20180518

在耕地资源数量、质量、生态"三位一体"保护中,生态保护是核心,因为只有处于良好生态环境中的耕地才能维持耕地质量和生产能力[1]。在家庭责任承包制下,农户作为最直接的耕地利用主体,其耕种行为已成为耕地生态保护的关键[2-3],推行耕地的生态耕种行为已成为耕地生态保护的方法。农户的生态耕种行为取决于由认知、意愿和行为态度三个维度衡量构成的生态耕种采纳度,深入掌握农户的生态耕种采纳度及其影响规律对于促进农户生态耕种行为具有重要意义。随着我国工业化和城镇化的推进,农户分化与代际差异已成为两大社会突出现象[4]。一方面,农村劳动力外出就业机会增多,农户的收入水平稳步提升,非农收入增加使原本同质的农户出现分化,而农户分化的两个基本向度是职业分化和经济分化,农户职业、经济收入等都会改变农户对耕地的价值认识和依赖程度,进而影响农业投入意愿与力度、耕地生态价值等[5-6]。另一方面,新老两代农户代际分化日益显现[7],生态耕种的认知、意愿、行为逐步差异化,必然影响耕地的生态保护[8]。基于此,了解农户分化和代际差异对生态耕种采纳度的影响规律,对耕地生态保护有着重要意义[9]。目前针对生态耕种采纳度的研究尚不多见,但围绕耕地生态耕种的认知、意愿和行为等相关研究已取得一定成果。主要成果有从认知水平分析对农户耕地生态保护的影响因素[10];从农户兼业角度对农户的生态耕种行为与耕地功能进行差异化分析[11];从耕地规模、收入结构等角度划分农户类型,对农户生态耕种投入进行差异化分析[12];将农户划分成不同户类,进而研

收稿日期:2018-05-03 修回日期:2018-07-15
作者简介:陈美球,博士,教授,博导,主要研究方向为土地资源研究。E-mail:cmq12@263.net。
通信作者:袁东波,硕士生,主要研究方向为土地资源管理研究。E-mail:ydb598792420@vip.qq.com。
基金项目:国家自然科学基金"生计分化中农户农业面源污染防控行为及其调控对策研究——以江西省为例"(批准号:71473112);江西省哲学社会科学重点研究基地项目"基于农户行为的农产品质量安全保障对策研究"(批准号:15SKJD13);江西省2011协同中心"江西现代农业协同创新中心"项目"江西耕地质量提升对策研究"(批准号:2015WT05);江西省高校人文社科基地招标项目"农户生态耕种行为及其调控研究"(批准号:JD17067)。

究其对生态耕种的影响规律[13];研究还发现不同代际差异农户的生态耕种意愿稍有不同,且农户的生态耕种意愿与其行为采纳之间稍有差距[14]。已有成果为农户生态耕种采纳度研究提供了一定的思路与基础,但仍存在一些问题值得探讨:①多数研究主体为耕种意愿与态度,而耕种行为作为最直接影响耕地质量的因素关注较少;②针对代际差异的农户生态耕种行为研究尚不多见;③少有研究将农户分化与代际差异两大社会现象统一起来进行横向比较,更缺乏将两者交互影响进行深入分析。江西省是我国传统的农业生产大省,是全国13个粮食主产区之一,也是中华人民共和国成立以来2个未间断向国家贡献粮食的省份之一。鉴于此,本文以江西省为例,通过问卷调研,深入分析农户分化、代际差异对农户生态耕种采纳度的影响规律,以期为加强耕地生态保护、制定耕地生态保护相关政策提供参考依据。

1 理论分析与研究假设

1.1 农户分化对生态耕种采纳度的影响

农户农业收入占家庭总收入越高,其农户分化程度越浅,农业收入占家庭总收入越低,其农户分化程度越深(后文简称"浅分化",对应"深分化")。根据新古典经济学的"理性人"视角,以效益最大化对农户生态耕种采纳度进行探讨。不同分化程度的农户需要的耕地功能不同,产生的耕种效益也不同[15],农户在耕地经营中的投入行为可划分为生态性投入行为和非生态性投入行为两种。生态性投入行为是指有利于耕地质量不下降的行为,使耕地生产力能够长期保持并得到提高,更多发挥耕地的保障功能;非生态性投入行为是指对耕地长期生产力产生毁坏性作用的行为,例如大量施用农药、化肥等,虽然这样能提升耕种的短期收益,但长期大量使用农药、化肥会造成农业面源污染,不利于耕地的可持续利用[16],更多发挥耕地的生产功能。因此,农户生态耕种采纳度取决于其生态性投入行为和非生态性投入行为的优先排序(后文简称"排序"),生态性投入行为越多,生态耕种采纳度越高。深分化农户需要的耕地收益较低,且生态性投入行为对劳动力投入、农田基础建设投入等成本更高,只有选择"短期"收益才能促使他们效益最大化,因此非生态性投入行为的排序逐步靠前,深分化农户群体更多地选择非生态性投入行为,这为消极的生态耕种采纳度提供了解释。

本文又在行为经济学的"非理性人"视角分析此影响,得到了相同的结果。耕地情感可以影响人们的耕种行为[17],浅分化农户不论从物质还是精神上,仍然非常依赖耕地,对耕地的情感较深;而深分化农户与城市逐步亲密,对耕地的情感降低。耕地是农户于农村生活的重要依托,在可持续利用的前提下,深分化农户进行生态性投入行为的"情感"较低。在前景理论视角下,耕地对于深分化农户来说是迟早会"失去"的资产,此时反射效应促使"赌一把"短期收益高的非生态性投入行为;而耕地对于浅分化农户则是一个稳固的"保障",因此通过确定效应形成持续的生态性投入行为(图1)。

由此,本文提出研究假设1:控制其他因素不变,分化程度与农户生态耕种采纳度负相关。

1.2 代际差异对生态耕种采纳度的影响

相关学者已总结出不同的代群之间的实际差异是代表了代际差异的代效应、年龄效应与时代效应共同作用的结果[18-19],而时代效应主要反映社会中各代群的"共同变化",对农户生态耕种采纳度的影响可以忽略,因此仅考虑前两种效应。

代效应造成了代群之间在行为认知上的分化[20],新生代农户受教育程度、农业新知识、新技术接受能力以及可持续发展观念等方面都优于老一代农户。年龄效应则与个体履历无关,单指年龄不同的个体在历事过程中对自身心理特征产生差异化。由于老一代农户年龄相对较大,更不愿意改变耕种习惯,具有更为守旧的耕作行为;而新生代农户对耕地长期投资意愿较大,耕种收入期望较高,愿意尝试更多的耕地质量改良技术,接受耕种技术培训,这同样可以为他们积极的生态耕种采纳度提供解释(图2)。

由此,本文提出假设2:控制其他因素不变,新一代农户具有更高的生态耕种采纳度。

1.3 农户分化、代际差异对生态耕种采纳度的交互影响

代际差异是否可通过分化渠道作用于农户生态耕种采纳度?本文将这种机制归纳为"逆转效应"与"循环效应","逆转效应"对深分化农户的生态耕种采纳度产生抑制作用,而"循环效应"对浅分化农户的生态耕种采纳

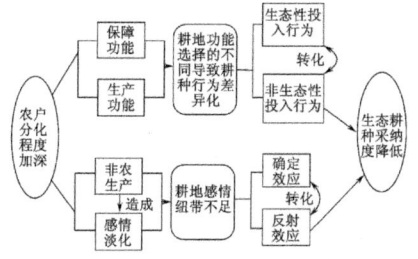

图1 农户分化对生态耕种采纳度作用机理

度产生促进作用,造成两者接受度的"剪刀差",具体如下。

对于深分化农户,耕地效益期望更低,对耕种投资意愿较弱,故他们在代际差异中的耕种投入行为排序发生一定程度的逆转,即耕地的非生态性投入行为不向生态性投入行为转化或转化程度不足;另外,耕地的生产功能对于深分化农户禀赋条件更能产生效益最大化,由此在代际差异中其耕地功能同样发生逆转,即耕地的生产功能并不完全向保障功能转化;最后深分化农户与城市的联系逐步强化,对耕地的情感依赖降低,因而在代际差异的作用下,耕地情感同样会发生一定程度的逆转,使其对生态耕种采纳度的作用减弱。

更高的务农边际收益是生态耕种行为的重要动因,而对于浅分化农户,耕地是他们于农村的重要资源,耕地使用时生态耕种采纳度更高。新生代农户相比老一代农户在农业新知识、新技术接受能力方面更强,这为浅分化农户的生态耕种行为提供了良好的理论基础。最终通过代际差异机制对生态耕种采纳度产生促进作用(图3)。

由此,本文提出研究假设3:代际差异对农户生态耕种采纳度的作用受农户分化的影响,即农户分化在此作为调节变量发挥分化调节效应,浅分化农户的代际差异变化使其农户生态耕种采纳度的边际效果更强。

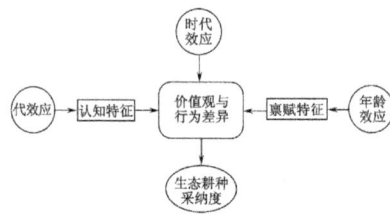

图2 代际差异对生态耕种采纳度作用机理

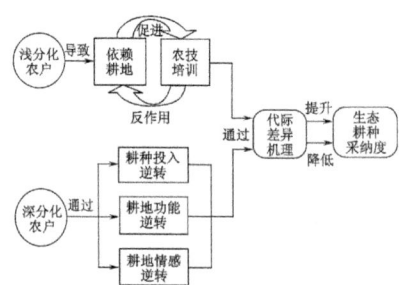

图3 分化调节效应对生态耕种采纳度作用机理

2 数据来源与研究设计

2.1 数据来源

根据江西省三种主要地形地貌的分布特征,课题组于2017年1—3月在鄱阳湖平原、吉泰盆地和丘陵地带选取调研样本点,调研采用分层随机抽样的方法在江西省选取了44个县市(区),每个县市(区)随机抽取两个村,每个村发放25~30份问卷。课题组共发放2 370份问卷,回收问卷2 176份,剔除存在矛盾、信息不全等问题的问卷,共有2 068份有效问卷,问卷回收率为91.81%,问卷有效率为95.04%。问卷涉及了农户的家庭禀赋特征、农药使用方法与习惯以及农户对生态耕种认知、意愿、行为等相关内容。

2.2 变量设计与描述统计

2.2.1 被解释变量

生态耕种采纳度。农户对某一行为的采纳度,取决于其认知、意愿与行为决策,其中认知是前提,意愿是条件,行为是结果,认知与意愿态度虽不直接形成生态耕种,却为更多的生态耕种提供了契机,因此本文从认知、意愿和行为态度三个维度对生态耕种采纳度进行衡量。本文借鉴已有研究[21],构建了生态耕种采纳度的评价指标体系,利用层次分析—熵值定权法,先通过层次分析法衡量一级指标权重,之后利用客观赋权的熵值法确定二级指标权重(表1)。

2.2.2 核心解释变量

(1)农户分化程度。本文借鉴陆学艺[22]对农户的职业划分,参考中国社会科学院农村发展所2002年以农户家庭农业收入比重的划分标准,即农业收入占家庭总收入90%以上为纯农户,赋值为1;农业收入比重为50%~90%的为一兼农户,赋值为2;农业收入比重为10%~50%的为二兼农户,赋值为3;农业收入比重在10%以下的为非农户,赋值为4[2,4]。赋值增大意味着非农收入比重的提高,即代表分化程度的加深。

(2)代际差异。通常学者以1980年出生划分新老两代农户的界限[23]。但考虑"代效应"中价值观形成的滞后性[24],本文在岁数上后延5岁,以1975年出生为界,若户主为1975年之前出生,则代际差异取值为0,反之为1,并按照不同年龄划分组别通过独立样本t检验,其中,以43岁左右作为分界点的两组样本的t检验值最显著,显示分组合理。

2.2.3 控制变量

考虑其他可能影响农户生态耕种采纳度的因素,本文

附 录

将控制变量归纳为四个维度：①户主特征变量。男性视野一般更开阔，对于生态性投入行为意愿更强[25]；务农年限越长对农业耕作越了解，但耕种行为也越依赖经验。②家庭特征变量。家庭总人口数越多，家庭需求越大，耕种行为因需求的不同而发生改变。家庭劳动力比重决定在应对家庭需求时可通过劳动改善家庭的能力，也直接对生态耕种采纳度起作用。③耕地特征变量。农户耕种面积越大，越有利于通过增加生态性耕种行为实现长期收益；而耕种面积越大，其投入成本越高，可能会使农户倾向非生态性耕作投入[26]。④规模特征变量。加入农民合作社有利于减少农户农业生产经营活动的盲目性，并提升其组织性和计划性[27]，本文变量为有实际合作的农民合作社；家庭农场是农户借助政府和市场等外部条件变化，不断调整和优化耕作方式，从而满足日益增长的家庭需求[28]，故规模特征会影响农户生态耕种采纳度。本文模型中主要变量的说明与统计性描述见表2。

2.3 实证检验模型

考虑到生态耕种采纳度为0~1的双向归并数据，其条件分布并非正态分布，故在基准回归及后续分析中，本文采用针对归并数据更常用的Tobit模型，具体设置如式（1），同时利用极大似然估计（MLE）对方程系数进行估计：

$$Adoption_i = \beta_0 + \beta_1 Occup_i + \beta_2 Intergen_i + \beta_3 Occup_i \times Intergen_i + \beta_4 Controls' + u_i \quad (1)$$

式中，i表示户主个体，$Adoption$、$Occup$和$Intergen$分别表示生态耕种采纳度、农户分化程度和代际差异，$Occup \times Intergen$表示农户分化程度与代际差异的交互项，$Controls'$表示控制变量所构成向量的转置，u_i为随机扰动项。若假设1至假设3合理，则（1）式中β_2应为正且显著，β_1、β_3应为负且显著。

3 实证结果

3.1 回归结果与分析：关键因素的挖掘

本文接下来通过前期设计的回归模型对假设1~假设3进行检验。由于方程中含二元交互项，为避免多重共线性的干扰，本文采取中心化的方式进行处理。由表3给出的模型1是将控制变量作为解释变量得到的回归模型；模型2是在模型1的基础上加入核心解释变量及其交互项；

表1 生态耕种采纳度评价指标体系

变量名称	一级指标	二级指标	二级指标定义
生态耕种采纳度	认知态度（0.088 1）	化肥施用是否越多越好（0.094 0）	是=0；否=1
		农药使用是否越多越好（0.094 0）	是=0；否=1
		是否了解农药安全间隔期（0.226 1）	是=1；否=0
		是否了解生态耕作（0.585 3）	是=1；否=0
	意愿态度（0.194 7）	是否愿意使用重金属超标的猪粪肥（0.142 9）	是=1；否=0
		是否愿意进行生态耕作（0.857 1）	是=1；否=0
	行为态度（0.717 2）	选择农药种类（0.800 0）	价格低廉、毒性强、病虫害防治效果好=0；低毒低残留专用农药=1
		农药空瓶袋处理方式（0.200 0）	自己丢掉、埋起来、烧掉=0；送到指定地点或等人来收=1

表2 主要变量说明与统计性描述

变量解释	变量名称	英文代码	变量定义	均值	标准差	最大值	最小值
因变量	生态耕种采纳度	Adoption	由层次分析–熵值定权法计算得到	0.394	0.326	1	0
核心解释变量	农户分化程度	Occup	纯农户=1，一兼农户=2，二兼农户=3，非农户=4	2.814	0.957	4	1
	代际差异	Intergen	1975年之前出生=0，1975年及之后出生=1	0.240	0.427	1	0
控制变量	家庭总人口	Pop	家庭总人口数/人	5.332	2.075	40	1
	家庭劳动力比重	Manpower	家庭劳动力/家庭总人口数	0.373	0.199	1	0
	性别	Sex	女=0，男=1	0.744	0.437	1	0
	务农年限	Agricultural	实际务农时间/a	22.738	12.824	67	0
	耕种面积	Area	实际种植面积/亩	8.980	45.873	1 700	0
	家庭农场	Farm	是=1；否=0	0.011	0.105	1	0
	加入合作社	Cooperative	是=1；否=0	0.035	0.185	1	0

模型 3 是考虑农户分化程度的内生性,引入工具变量采用 IV – Tobit 模型;模型 4 是考虑可能存在的"弱工具变量"问题,因此采用对工具变量更不敏感的有限最大似然方法(LIML)对模型进行估计。

根据表 3 中(1)列,个人特征变量中,性别在 5% 水平上显著且系数为正,说明男性更注重耕地的可持续利用,偏好生态耕种行为,与前人研究结论一致[25];务农年限在 1% 水平上显著且系数为负,说明务农时间越久,越倾向于"老旧固守"的非生态耕种行为。规模特征变量中,认定家庭农场与加入合作社的系数估计均为正且在 1% 水平上显著,说明统一性管理、规模化经营能有效推广生态性投入行为,与前人研究结果较为一致[27-28]。

按照设计,在模型 1 的基础上,加入农户分化程度、代际差异及其二元交互项。由(2)列结果可知,农户分化程度在 1% 的置信区间上显著,边际效应为 -0.204,表明分化程度加深会使农户的生态耕种采纳度降低,且农户分化每加深 1 个单位(即农户每进行一个层次的职业转化,例如从纯农户转化为一兼农户),其生态耕种采纳度的条件均值降低 0.204 个单位,假设 1 得以验证。而代际差异虚拟变量的边际效应为 0.149,且在 1% 的置信区间上显著,表示新生代农户相比于老一代农户具有更积极的生态耕种采纳度,假设 2 得以验证。且在样本中,生态耕种采纳度的均值为 0.394(表 2),这意味着在控制其他因素不变的条件下,新生代农户的生态耕种采

纳度比平均水平高了 37.8% (0.149/0.394 = 0.378)。二元交互项在 1% 的置信区间上显著且系数为负,表明相对于分化程度更深的农户而言,浅分化农户的代际差异变化使其农户生态耕种采纳度的边际效果更强,假设 3 得以验证。并且 Pseudo R^2 从模型 1 到模型 2 呈现递增的趋势,说明模型的整体拟合优度有较大提高,意味着农户分化、代际差异及其二元交互项对于农户的生态耕种采纳度有良好解释力度。

3.2 内生性检验

因为数据不可能捕捉到农户的所有个人特征变量,它们的遗漏可能导致农户分化程度与随机扰动项相关,而这将使得 OLS 估计量不一致。其次,较高的生态耕种采纳度能带来长期效益,促进农户分化,而分化程度的加深又会影响农户的生态耕种采纳度。换言之,它们可能存在反向因果关系,农户分化程度可能是一个"内生变量"[29],因此考虑变量的内生性问题。为准确估计农户分化对生态耕种采纳度的影响,需引入"工具变量"以解决可能存在的内生偏误。首先,农户的受教育年限(Edu)可能与农户分化程度有直接影响,且由于本文研究的调查对象为农户户主,他拥有耕种行为决策权,因此可以避免因低教育水平家庭成员的要求而被迫产生非生态耕种行为,使教育年限变量对农户生态耕种采纳度的作用仅通过农户分化渠道来实现。其次,耕地破碎度(Broken)在可能对农户分化产生影响的前提下能够有效避免上述双向因果关系。经分析,教育年限和耕地破碎度与农户分化程度都高度相关,

表 3 假设 1 至假设 3 检验结果:农户分化、代际差异与生态耕种采纳度

变量名称	模型(1) Tobit	模型(2) Tobit	模型(3) IV – Tobit	模型(4) LIML
农户分化程度	—	-0.204*** (0.006)	-0.152*** (0.057)	-0.150*** (0.057)
代际差异	—	0.149*** (0.040)	0.292* (0.162)	0.295* (0.162)
农户分化程度 × 代际差异	—	-0.055*** (0.017)	-0.117*** (0.192)	-0.119* (0.070)
家庭总人口	0.005(0.004)	0.007** (0.003)	0.006** (0.003)	0.006** (0.003)
性别	0.042** (0.165)	0.003(0.130)	0.012(0.016)	0.012(0.016)
家庭劳动力比重	-0.001(0.379)	-0.110*** (0.030)	-0.087** (0.039)	-0.087** (0.039)
务农年限	-0.002*** (0.001)	-0.001*** (0.001)	-0.001*** (0.001)	-0.001*** (0.001)
耕种面积	0.000(0.000)	-0.000*** (0.000)	-0.000* (0.000)	-0.000* (0.000)
家庭农场	0.257*** (0.070)	0.123*** (0.055)	0.130** (0.056)	0.130** (0.056)
加入合作社	0.043*** (0.031)	-0.040(0.031)	-0.016(0.041)	-0.016(0.041)
对数似然值	-607.822	-103.459	—	—
Pseudo R^2	0.033	0.835	—	—

注:*、**、*** 分别表示在 10%、5%、1% 的水平上显著,括号外估计结果为边际效应,括号内为普通标准误。

与随机扰动项及代际差异等变量均不相关,教育年限与耕地破碎度亦不相关,因此可将教育年限、耕地破碎度作为农户分化的工具变量,第一阶段的回归方程如(2)式所示:

$$Occup_i = \varphi_0 + \varphi_1 Edu_i + \varphi_2 Broken_i + Controls_i'\phi + \Lambda_i \quad (2)$$

在第二阶段,利用拟合值所得的全效应模型如(3)式所示:

$$Adoption_i = \chi_0 + \chi_1 Intergen_i + \chi_2 Oc\hat{c}up_i + \chi_3 Intergen_i \times Oc\hat{c}up_i + Controls_i'\alpha + \Gamma_i \quad (3)$$

式中,$Oc\hat{c}up_i$ 为第一阶段中农户分化程度的拟合值。通过 IV-Tobit 模型以及对弱工具变量更不敏感的有限最大似然方法(LIML)对式(3)进行估计。在工具变量检验方面,最小特征值为19.326,大于经验临界值10,因此可认为不存在弱工具变量陷阱;而 Anderson-Rubin 统计量为6.42,落入所对应的卡方分布接受域,这支持了工具变量为外生的假设。估计结果见表3(3)列、(4)列。

纠正内生性偏误后,代际差异与分化调节效应对农户生态耕种采纳度的影响程度增强,农户分化程度对农户生态耕种采纳度的影响程度减弱。故基准模型回归中低估了代际差异与代际差异通过作为调节变量的农户分化程度对浅分化农户的作用,而高估了农户分化程度对农户生态耕种采纳度的作用。但是总体回归结果依然支持本文研究假设。

3.3 稳健性检验

前文研究结论对于不同农户群体是否有所差异?本文按照受访户主的性别、是否为家庭农场及是否加入农村合作社进行了分样本回归,Tobit 回归结果见表4。

由表4的(1)~(3)列可知,代际差异、农户分化程度与分化调节效应的分样本回归结果基本稳健,本文的研究假设均得到了较稳健的模型结果支持。但三者的作用效果在"是否为家庭农场"与"是否加入农村合作社"的子样本中却呈现出新的表征,它在"是家庭农场"与"加入农村合作社"的农户中并不显著。究其原因,已成为家庭农场或者加入农村合作社的农户,具有较强的风险抵御能力和经济实力,耕种行为方面具有长远的眼光与判断选择能力,能有效选择使耕地生产力能够长期保持并得以提高的耕种行为。故代际差异与农户分化并未发挥作用,分化调节效应也并未得以体现。

4 结论与政策启示

农户作为最直接的耕地利用主体,充分了解农户生态耕种采纳度的影响因素对耕地生态保护和维持耕地生态平衡具有重要意义。本文从农户的微观角度出发,考虑了农户分化和代际差异两大社会现象,阐明了两者及其分化调节效应对生态耕种采纳度的作用机制,并通过实证得到主要结论如下:①务农年限长、成为家庭农场的农户对生态耕种行为有更高的采纳度,反映出耕种经验与规模对生态耕种行为的积极影响;②随着农户分化程度的加深,农户会具有更为消极的生态耕种采纳度,并且代际差异亦会通过农户分化的调节效应对农户产生影响,即浅分化农户的代际差异变化使其农户生态耕种采纳度的边际效果更强;③新生代农户相比于老一代农户,对于生态耕种行为会有更为强烈的采纳意愿,且在纠正内生偏误后该作用效果增强,实际调查情况和实证结果也都表明代际差异是造成农户生态耕种采纳度不同的主要原因。

基于上述结论可知,提升农户生态耕种采纳度的积极性,不仅要关注农户的资源禀赋,更要注重农户分化、代际差异及其分化调节效应的影响。为此,本文提出以下3

表4 分样本回归结果

变量名称	模型(1)		模型(2)		模型(3)	
	男性	女性	是家庭农场	非家庭农场	加入农村合作社	未加入农村合作社
农户分化程度	-0.193***	-0.213***	-0.178	-0.197***	-0.217	-0.197***
	(0.008)	(0.014)	(0.235)	(0.007)	(0.033)	(0.007)
代际差异	0.147***	0.210***	-0.169	0.177***	-0.049	0.174***
	(0.047)	(0.075)	(0.481)	(0.040)	(0.240)	(0.040)
农户分化程度 × 代际差异	-0.050**	-0.072**	0.107	-0.061***	0.039	-0.060***
	(0.020)	(0.031)	(0.317)	(0.017)	(0.117)	(0.017)
样本容量	1 538	530	23	2 045	73	1 995
Pseudo R^2	0.740	1.028	0.107	0.810	0.649	0.806

注:*、**、*** 分别表示在10%、5%、1%的水平上显著,括号中为普通标准误。

条建议：①鼓励农户家庭借助土地、劳动力和资本要素市场的发育，通过对其家庭劳动力的合理配置，发展成为家庭农场，实现规模化经营，提高农户的生态耕种采纳度。②对浅分化农户，政府应在产业合作组织设立、扩大经营规模等方面给予支持，降低农户的耕种风险，提升农户农业收入；对深分化农户，建立健全流转市场，加强和规范流转管理，促进耕地流转，释放有效劳动力。③对老一代农户，应考虑其更依赖经验判断的特点，加强耕地保护基本政策、农业补贴政策等宣传，提高农户生态耕种采纳度。农户分化程度加深的同时，自然会通过分化本身及分化调节效应实现生态耕种采纳度的调节。但就代际差异而言，如何针对新生代农户与老一代农户的差异进行多元化的政策反哺，又如何处理深分化农户的"逆转效应"问题，都将是下一步研究工作值得深入探讨的。

致谢： 江西农业大学李志朋、刘静、彭欣欣、刘洋洋、谢晓文、王成量、袁梁、王思琪、廖小诚、姚冬莲、温升、查孪想、刘艳婷、张淑娴、周丹、黄婧轩等老师和同学参与调研，谨此致谢！

（编辑：王爱萍）

参考文献

[1] 陈美球. 耕地保护的本质回归[J]. 中国土地, 2017(4): 12-14.

[2] 邝佛缘, 陈美球, 鲁燕飞, 等. 生计资本对农户耕地保护意愿的影响分析——以江西省587份问卷为例[J]. 中国土地科学, 2017, 31(2): 58-66.

[3] 王喜, 梁流涛, 陈常优. 不同类型农户参与耕地保护意愿差异分析——以河南省传统农区周口市为例[J]. 干旱区资源与环境, 2015, 29(8): 52-56.

[4] 刘炎周, 王芳, 郭艳, 等. 农民分化、代际差异与农房抵押贷款接受度[J]. 中国农村经济, 2016(9): 16-29.

[5] 谢贤鑫, 陈美球, 李志朋, 等. 不同类型农户农药使用特征及影响因素——以江西省为例[J]. 江苏农业科学, 2017, 45(18): 289-293.

[6] 杨志海, 王雅鹏, 麦尔旦·吐尔孙. 农户耕地质量保护性投入行为及其影响因素分析——基于兼业分化视角[J]. 中国人口·资源与环境, 2015, 25(12): 105-112.

[7] 杨志海, 王雨濛. 不同代际农民耕地质量保护行为研究——基于鄂豫两省829户农户的调研[J]. 农业技术经济, 2015(10): 48-56.

[8] 袁东波, 陈美球, 李志朋, 等. 基于农药化肥使用视角分析不同兼业类型农户耕地质量保护行为[J]. 浙江农业科学, 2018, 59(2): 310-314.

[9] 王利敏, 欧名豪. 粮食主产区农户耕地保护现状及认知水平分析——基于全国10个粮食主产区1 198户农户的问卷调查[J]. 干旱区资源与环境, 2013, 27(3): 14-19.

[10] 陈梦昕, 陈美球, 鲁燕飞, 等. 鄱阳湖区农户农业面源污染认知及其影响因素分析[J]. 土地经济研究, 2016(1): 85-97.

[11] 王一超, 郝海广, 张惠远, 等. 农牧交错区农户生计分化及其对耕地利用的影响——以宁夏盐池县为例[J]. 自然资源学报, 2018, 33(2): 302-312.

[12] 杨玉竹, 邵景安, 钟建兵. 山区农户耕地投入影响因素分析[J]. 西南大学学报(自然科学版), 2016, 38(2): 104-112.

[13] 谢花林, 程分娟. 地下水漏斗区农户冬小麦休耕意愿的影响因素及其生态补偿标准研究——以河北衡水为例[J]. 自然资源学报, 2017, 32(12): 2012-2022.

[14] 陈美球, 刘桃菊, 黄建伟. 农民耕地保护行为对农业补贴政策的响应分析[J]. 农村经济, 2013(2): 7-10.

[15] 陈美球, 吴月红, 刘桃菊. 基于农户行为的我国耕地保护研究与展望[J]. 南京农业大学学报(社会科学版), 2012, 12(3): 66-72.

[16] 李志朋. 农户农药化肥使用中行为及其影响因素研究[D]. 南昌: 江西农业大学, 2016.

[17] 王亚运, 蔡银莺. 不同主体功能区农户家庭耕地利用功能对土地流转行为的影响[J]. 中国人口·资源与环境, 2017, 27(7): 128-138.

[18] 卡尔·曼海姆, 徐彬. 卡尔·曼海姆精粹[M]. 南京: 南京大学出版社, 2005.

[19] LYONS S, KURON L. Generational differences in the workplace: a review of the evidence and directions for future research[J]. Journal of organizational behaviour, 2014, 35(S1): S139-S157.

[20] DENCKER J C, JOSHI A, MARTOCCHIO J J. Towards a theoretical framework linking generational memories to workplace attitudes and behaviors[J]. Human resource management review, 2008, 18(3): 180-187.

[21] 李磊, 贾署雁, 赵晓雪, 等. 层次分析—熵值定权法在城市水环境承载力评价中的应用[J]. 长江流域资源与环境, 2014, 23(4): 456-460.

[22] 陆学艺. "三农"新论: 当前中国农业农村农民问题研究[M]. 北京: 社会科学文献出版社, 2005.

[23] 何可, 张俊飚. 农业废弃物资源化的生态价值——基于新生代农民与上一代农民支付意愿的比较分析[J]. 中国农村经济, 2014(5): 62-73, 85.

[24] 何军. 代际差异视角下农民工城市融入的影响因素分析——基于分位数回归方法[J]. 中国农村经济, 2011(6): 15-25.

[25] 蔡弘, 黄鹂. 农业女性化下农村妇女生产参与及其生产意愿研究[J]. 人口与发展, 2017, 23(2): 2-13.

[26] 曹慧, 赵凯. 代际差异视角下粮农保护性耕作投入意愿的影响因素分析[J]. 西北农林科技大学学报(社会科学版), 2018, 18(1): 115-123.

[27] 莫华, 曾福生. 现代农业视角下农民专业合作社发展水平评估研究——基于湖南数据的实证[J]. 农业现代化研究, 2017, 38(3): 421-428.

[28] 张建雷. 家庭农场发展的多重动力机制分析[J]. 西北农林科技大学学报(社会科学版), 2018, 18(1): 34-40.

[29] 方颖, 赵扬. 寻找制度的工具变量: 估计产权保护对中国经济增长的贡献[J]. 经济研究, 2011, 46(5): 138-148.

Household differentiation, generational difference and ecological farming adoption

CHEN Mei-qiu[1]　YUAN Dong-bo[1]　KUANG Fo-yuan[1]　WU Qiu-yan[2]　XIE Xian-xin[1]

(1. Jiangxi Provincial Key Laboratory for Agroecology in Poyang Lake Valley, Rural Land Resource Utilization and Protection Research Center, Jiangxi Agricultural University, Nanchang Jiangxi 330045, China;
2. School of Finance, Jiangxi University of Finance and Economics, Nanchang Jiangxi 330013, China)

Abstract: As the most direct main body of cultivated land utilization, the adoption of ecological cultivation is an important guarantee for the successful implementation and promotion of farmland protection. Based on 2 068 farmers questionnaire survey data of Jiangxi Province, from two social phenomena of household differentiation and generational difference, under the framework of the theory of 'rational man' in neoclassical economics and 'irrational man' in behavioral economics, the research hypothesis was put forward, and the evaluation index system of ecological farming acceptance degree was constructed by means of analytic hierarchy process (AHP) and entropy weight method. Then by using Tobit model, the influence rules of farmer household differentiation and intergenerational difference on the ecological farming acceptance degree were analyzed deeply, which provided reference basis for strengthening ecological farming behavior and formulating relevant policies for cultivated land ecological protection. Results showed that: first, the higher degree of household differentiation would reduce the ecological farming adoption farmers. Every increased 1 unit in household differentiation, the conditions of ecological farming adoption mean lowered 0.204 units. Second, the new generation of farmers had a more active eco-farming adoption than the older generation, and the adoption of ecological cultivation of the new generation of farmers was 37.84% higher than the average level. Third, in the case of farmers with deeper degree of differentiation, the change in generational difference of lower household differentiation made the marginal effect higher in the adoption of ecological cultivation. After correcting the endogenous bias, the influence of intergenerational difference and differentiation regulation effect on farmers undefined ecological cultivation adoption degree was enhanced, and the influence degree of peasant household differentiation degree on farmers undefined ecological cultivation adoption degree was weakened, but the overall regression results still supported the conclusion. The subsample regression results of intergenerational difference, differentiation degree and differentiation regulation effect of farmers were basically robust, and the conclusions were supported by robust model results. Therefore, it is suggested that the government should encourage deeply divided farmers to strengthen the circulation of cultivated land and release effective labor force, and support the establishment of industrial cooperative organizations and the expansion of business scale to strengthen technical training of shallow-differentiated farmers. It also should promote the basic policies of farmland protection and agricultural subsidy to the old generation of farmers.

Key words: household differentiation; generational difference; ecological farming adoption; Jiangxi Province